신화를 길어다 과학을 지었다

제우스
크로
노스
아킬레
우스
아프로
디테
카산
드라

빅뱅
돌연
변이
상대성
이론
기후
위기
핵폭탄
DNA

신화를 길어다 과학을 지었다

이운근 지음

신화는 세계를 어떻게 설명했을까요?
과학은 그 물음에 어떤 답을 내놓았을까요?

★★★ 그리스 신화로 읽는 과학의 세계 ★★★

좋은땅

머리말

　여덟 살 때였습니다. 해에는 아폴론이라는 태양신이 산다고 믿었어요. 강렬한 빛을 비추는 태양인 만큼 태양의 신은 강력한 힘을 지녔다고 여겼죠. 그래서 친구들과 구슬치기를 하러 갈 때 태양을 바라보며, '오늘은 꼭 구슬을 많이 따게 해 주세요'라고 빌었습니다.

　해가 질 무렵까지 구슬로 할 수 있는 다양한 놀이를 하는 동안, 상자 하나와 두 주머니 불룩하게 가져갔던 구슬을 다 잃었습니다. 작은 마을이라 제가 놀 수 있는 또래가 형들밖에 없었어요. 어떻게든 구슬을 따려고 아등바등 애썼으나 서너 살 많은 형들을 여덟 살이 이기는 건 거의 불가능하다는 사실을 그때는 몰랐지요.

　터덜터덜 집으로 돌아가는 길에 태양을 바라보며 태양에 산다는 아폴론 신을 저주했습니다. 눈물을 흘리며 참고 기도했건만 그는 저의 소원을 들어 주지 않았지요. 오히려 제가 가진 모든 구슬을 잃게 만들었죠. 그런 신이 태양에 있을 리 없다고 생각했어요. 태양에서 그의 존재를 지웠습니다.

 　　　　　　　　　신화를 길어다 과학을 지었다

그때 이후로 더 이상 태양에 신이 산다고 생각지는 않습니다. 그러나 고대 그리스 사람들은 태양신이 마차를 몰아가는 길이 태양의 궤적이라 여겼습니다. 그리스인은 왜 이를 진실로 생각했을까요?

이미 답을 아는 우리는 당연한 듯이 여기지만, 사실 태양의 움직임은 매우 놀라운 현상입니다. 눈부시게 밝은 동그란 원이 매일 아침 동쪽에서 나타나 서쪽으로 움직이다니! 여름에는 빛이 강렬하고 겨울에는 약해지다니! 저 동그라미는 무슨 힘으로 매일 하늘을 가로지를 수 있단 말인가요?

특이한 현상에는 특별한 이유가 있기 마련입니다. 그 특별한 이유를 고대 그리스 사람들은 몰랐어요. 그들은 지구의 자전과 공전을 모른 채로 이 현상을 설명해야 했습니다.

신화는 그들이 찾은 참신하고 매력 있는 답입니다. 옛 그리스인에겐 헬리오스와 아폴론의 황금마차가 곧 태양이었습니다.

그러나 오늘날에는 이 신화를 실제라 믿는 이는 거의 없지요. 과학이 발달한 지금은 신화로 설명하는 것보다 과학이라는 프리즘으로 현상의 실체를 더 정확하게 표현할 수 있기 때문입니다. 이제 ‘우리는 과학을 통해 우리의 존재가 어디에서 왔고, 우리가 누구이며, 우리가 어디로 가는가’라는 물음에 답할 수 있는 유일한 지구 생물종이 되었습니다.

그러면 신화는 허무맹랑하고 가치 없는 거짓말일 뿐일까요? 그렇지 않습니다. 신화는 자체로 재미있으면서 상상력과 교훈까지 줍니다. 신화와 과학은 서로 다른 매력이 있고, 다른 유익함을 줄 수 있습니다. 이 책은 그리스 신화와 과학을 엮어 이야기보따리를 풀어냅니다.

Ⅰ부에서는 우리가 무엇으로 이루어진 존재인지, Ⅱ부에서는 우리가 어떤 특성을 지닌 존재인지, Ⅲ부에서는 우리의 미래 모습과 그 미래를 맞아들이는 우리의 자세를 말했습니다.

Ⅰ부는 크로노스, 프로메테우스, 파에톤, Ⅱ부는 미노타우로스, 아킬레우스, 파리스, Ⅲ부는 카산드라, 아틀라스와 같은 신화 속 인물이 등장합니다.

낯선 이름도 있지만 어디선가 한 번쯤 들어 보았던 인물도 많습니다. 친숙함이 이야기에 흥미로움을 더하리라 생각합니다. 그리스 신화는 원전을 그대로 옮기지 않고 특정 인물의 시선으로 초점화하기도 하고, 있을 법한 대화를 첨가하여 서술하기도 했습니다. 장황한 내용은 줄이고, 표현을 다듬어 이해를 돕고, 조금 더 극적인 느낌을 주었습니다.

이렇게 그리스 신화와 과학을 융합하여 우리 존재에 대한 물음에 답합니다. 책을 읽으며 세계의 모습이 왜 이러하고, 인간의 모습이 왜 그러한지를 자연스럽게 체득할 수 있습니다.

어린 날 구슬을 다 잃어버리자, 잠깐 빛내며 사라질 뿐인 구슬처럼 삶이 덧없다고 느꼈습니다. 살아가다 삶이 벽에 가로막힐 때마다 그런 생각들이 스멀스멀 몸을 물들였어요. 그러나 과학을 접하면서 오래전의 일은 신경계에 새겨짐으로써 유장한 시간의 강물을 건넌다는 사실을 알게 됐습니다. 또 원자와 자기복제자는 끝없이 다시 피어나 존재의 섬과 섬을 건너며 불멸한다는 사실도 깨달았고요.

그래서 이제는 삶이 덧없다고 생각지 않습니다. 현재를 봅니다. 생명은 존재할 확률이 없다고 봐도 무방할 만큼 희박한 가능성을 통과한 존재임을 되새깁니다. 우리 존재는 '불가능의 산을 오른' 특별한 상태입니다. 과학의 상상력이 이렇게 생각을 바꾸었습니다. 이 시선을 함께 나누고 싶습니다.

차 례

II. 우리는 누구인가?

III. 우리는 어디로 가는가?

9. 카산드라, 기후 위기를 예언하다? 178

[카산드라 × 기후 위기] "저 거대한 목마를 성으로 들이면 안 됩니다."

10. 아틀라스와 존재의 길 193

[아틀라스 × 멸종] "고립을 버리고 연립함으로써 존립될 수 있습니다."

I. 우리는 무엇인가?

1.

시간이란 대체 뭘까?

"그는 괴물입니다. 아니 괴물보다 못합니다. 괴물도 자기 새끼는 아끼는 법이지요. 그는 자기 자식을 잡아먹습니다. 벌써 다섯 명의 자식을 삼켜 버렸습니다. 자애로우신 어머니, 지금 제 뱃속에 있는 이 막내만은 살릴 방도를 알려 주십시오."

자식을 먹는 괴물이라니, 사람의 일이라면 괴기스러운 일입니다. 다행스럽게도 신화 속 이야기의 한 장면이에요. 제우스의 어머니 레아가 자신의 어머니이자 제우스의 할머니인 가이아 여신을 찾아가 한 말입니다.

남편 크로노스가 자기 자식인 제우스를 삼켜 버릴 일을 막기 위해서였어요. 아버지가 자식을 삼켜 버린다니, '악마를 보았'습니다! 이런 엽기적인 영아 살인마 크로노스는 대체 누구일까요?

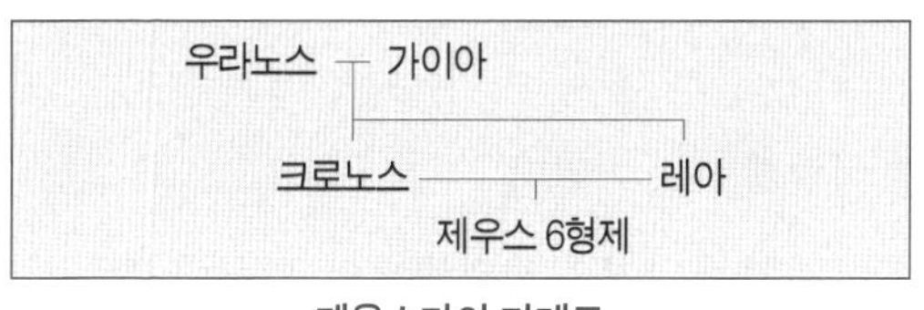

제우스가의 가계도

크로노스는 티탄이라는 거인족이고 신들을 지배하는 그리스

신의 왕입니다. 이렇게 대단한 분이긴 한데, 우리가 익히 아는 제우스 형제들을 삼켜 뱃속에 가둬 버린 참으로 기괴한 아빠죠. 이 글을 쓰는 저의 아버지는 신도, 왕도, 거인도 아니어서 조금 아쉽지만, 감사하게도 저를 꿀꺽 삼키진 않으셨으니, 새삼 인자한 분이셨음을 깨닫습니다.

농사와 시간의 신인 크로노스는 거대한 낫을 가지고 다닙니다. 이 낫 때문에 크로노스를 보면 농사꾼인 저의 아버지가 떠오릅니다. 아버지가 크로노스처럼 낫질의 대가라서 그런 듯해요. 또 농사의 신 크로노스처럼 아버지도 농부거든요.

세월의 무게는 모든 이의 어깨에 공평하게 내려앉기에, 이제는 아버지가 낫 쓰는 모습을 더 못 보는 점이 씁쓸합니다. 낫도 시간도 크로노스처럼 영원히 지닐 수 있는 것이 아니었습니다.

◆ 전설의 낫잡이

"낫질은 이렇게 하는 거란다."

젊을 때 아버지의 낫질은 시원했어요. 왼손에 풀을 한 움큼 거머쥐고 오른손에 쥔 낫을 풀의 밑동으로 가져간 후 비스듬히 위로 힘주어 당기면 '부욱' 한 뭉텅이가 잘려 나갔어요. 그 소리가 경쾌했지요. 동작을 서두르는 법이 없는데도 베인 풀은 금방 높이 쌓였습니다. 아버지를 흉내 냈으나 제 낫에서는 시원한 소리가 나지 않았어요. 낫은 아버지의 것이었습니다.

"농사일 해 본 형님이 작업반장 하셔야죠."

군 복무를 마친 후 복학했을 때 한 후배가 농촌 봉사활동을 가자며 저를 꾀었어요. 농사짓는 우리 집일은 나 몰라라 하고, 다른 집을 돕는다는 게 좀 우스운 상황이었지만, 재미있어 보이더군요. 봉사활동 자원자 중 농사일을 저만 해 보았기에 작업반장을 맡았고, 낫질을 인정받아 위험한 도구인 낫은 '저만' 잡을 수 있는 특권 아닌 특권을 누렸어요. 그게 뭐라고 아이처럼 우쭐대며 자만심 넘치는 '전설의 낫잡이'가 되었지요.

낫이 풀을 스칠 때는 시원한 소리가 났습니다. 어릴 때 잠깐만 낫을 잡았지, 그 후론 낫이라곤 쥐어 본 적 없었음에도 낫질이 잘되어 신기했습니다. 내 낫의 소리가 아버지의 소리를 이어받았음을 직감했어요. 낫을 얼마 사용하진 않았지만, 오래 아버지의 낫질을 보고, 낫의 소리를 들었기에 가능한 일이었으리라 여겨집니다. 그리스의 신 제우스의 아버지 크로노스는 낫을 잘 썼고, 제우스도 저처럼 막내로 태어났다는 사실이 떠오릅니다.

제우스도 저처럼 낫질을 잘했을까요? 낫 쓰는 걸 본 적은 없고 번개는 잘 쓴다는 걸 압니다. 그런데 생각해 보니 번개는 낫을 닮았습니다. 제우스도 아버지의 낫을 이어받은 걸까요? 이렇게 문득문득 40년이 넘는 삶의 시간에서 제 몸에 스며 있었던 아버지를 느끼곤 합니다. 먹먹해집니다.

신화 이야기를 이어서 하면, 크로노스가 사랑하며 돌봐야 할 자기 자식을 다섯이나 잡아먹는 엽기적인 일은 왜 일어났을까요? 도대체 무슨 일이 있었던 걸까요?

◆ 크로노스 신화

"네가 그 거대한 낫으로 네 아버지의 남근을 잘라 쫓아내고 왕좌에 앉았듯이 너 역시 네 자식에게 비참하게 쫓겨날 것이야."

크로노스는 번쩍 눈을 떴다. 또 같은 꿈에서 깼다. 저주의 말이 생생히 맴돈다. 대지의 여신인 어머니 가이아의 간절한 요청을 거절했을 때 어머니가 뱉은 말이다.

하늘의 신으로 불리는 아버지 우라노스는 자기 자식인 퀴클롭스 삼 형제와 헤카톤케이레스 삼 형제를 지하 감옥에 가두었다. 손재주가 뛰어난 외눈박이 거인 퀴클롭스와 100개의 손을 가진 헤카톤케이레스의 힘과 재능을 두려워했었다. 이 둘을 지하 감옥에 가둔 일로 어머니 가이아는 무척 괴로워했다. 그래서 거대한 낫을 만들어 자식들에게, 복수할 것을 요청했다. 아무도 섣불리 나서지 못할 때 크로노스가 낫을 받아 든 후 아버지 우라노스를 성공적으로 제압했다. 그러나 크로노스 또한 퀴클롭스와 헤카톤케이레스를 지하 감옥 타르타로스에 그대로 두었다. 그들이 자신의 지위에 위협이 될 것 같아서였다. 가이아가 분개한 것은 당연한 일이었다.

'자식에게 내쫓길 운명이라…… 그러면 자식이 없다면 그런 일도 없지 않겠는가.'

크로노스는 자식을 모두 없애기로 마음먹었다. 이미 다섯을 뱃속에 삼켰다. 그랬더니 역시 아무 일도 일어나지 않았다. 자신의 대비책이 적이 만족스러웠다. 일말의 불안감은 여전히 있었지만….

여섯째인 제우스를 잉태한 레아는 가이아 여신을 몰래 찾아가, 자식을 살릴 방도를 여쭈었다. 가이아는 아기 크기의 바윗덩이를 강보에 싸 와서는 아기와 바꿔치기한 후 사라진다. 레아는 이불로 싼 바윗덩이를 아기인 양 대했다. 그 모습을 본 크로노스는 작은 이불에 싸인 바윗덩이가 레아가 낳은 아기인 줄 알고 후환을 없애기 위해 삼켜 버렸다.

어린 제우스는 자신이 왜 이렇게 숨어서 숨죽이며 살아야 하는지 이해하지 못했다. 젖먹이며 키워 준 염소 요정 아말테이아는 산속의 동굴을 벗어나지 못하게 했다. 좁은 곳에서 지내려니 몸이 근질근질했으나 참을 수밖에 없었다. 장성한 후에야 모든 상황을 납득했다. 아버지 크로노스가 자신의 존재를 알아채면 가만둘 리 없던 거였다. 제우스는 커 갈수록 물러날 자리가 없음을 깨달았다. 맞서 싸워야 했다. 티탄 거인족으로서 거대한 몸을 지녔고, 지원해 줄 형제가 많은 크로노스에 홀로 대적하는 것은 무모한 행동임을 알았다. 조력자가 절실했다.

제우스는 정체를 숨기고 크로노스의 시중꾼으로 들어갔다. 크로노스에게 신의 음식인 암브로시아, 신의 술인 넥타르를 올릴 때 구토제를 몰래 넣었다. 구토제가 섞인 음식을 다 먹은 크로노스는 고통스럽게 배를 움켜쥐더니 토하기 시작했다. 음식만 토한 게 아니라 포세이돈, 하데스, 데메테르, 헤라, 헤스티아까지 토해 냈다. 모두 크로노스가 이전에 삼킨 제우스의 다섯 형제였다. 그리고 마지막에 바윗덩이를 토해 내었다. 바윗덩이를 보고 나서야 크로노스는 일의 전모를 눈치챘다.

"어리석어라. 바윗덩어리로 속인 걸 몰랐구나. 삼킨 것을 도로 토해 냈으니 나는 이제 시간의 신이 아니도다."

제우스는 뱃속에서 풀려난 형제들과 퀴클롭스, 헤카톤케이레스의 도움을 받아 티탄족과의 전쟁에서 승리한다. 티탄족을 지하 감옥에 유폐시킨 후 올림포스산 꼭대기에 새로 하늘의 궁궐을 지었다. 새 세대의 신들이 세계의 지배자가 되었고, 제우스는 그중에서도 최고신이 된다.

◆ 아이 잡아먹는 사투르누스

그리스의 신들은 대부분 아버지가 있어요. 제우스 형제의 아버지는 크로노스예요. 크로노스의 아버지는 하늘의 신 우라노스이고, 어머니는 대지의 여신 가이아입니다. '가이아 이론'이라 불리는 지구를 하나의 커다란 유기체로 보는 시각은 이 가이아 여신에서 딴 이름입니다. 영화 〈아바타〉에서 판테온 행성의 생물들은 신경계가 연결된 한 몸 같은 모습으로 그려져요. 영화에 등장하는 판테온 행성의 '에이와' 여신은 만물을 창조하고 만물을 지키는 창조신입니다. 가이아와 에이와, 이름이 비슷하죠? 네, 에이와는 가이아를 염두에 두고 비슷하게 지은 이름이라 보면 되겠습니다.

아이를 잡아먹는 사투르누스

　　　　신화를 길어다 과학을 지었다

그리스 신 크로노스에 대응하는 로마 신은 사투르누스입니다. 위 그림은 고야의 '아이를 잡아먹는 사투르누스'예요. 검은 배경에서 살점을 뜯으며 먹는 모습은 섬뜩한 느낌을 줍니다. 바로 이 신화를 모티프로 삼은 그림이에요. 실제 신화에서는 제우스 형제들을 통째로 삼키기에 저렇게 뜯어 먹지는 않는데, 극적인 효과를 내기 위해 작가가 이야기를 변형했다고 봐야겠어요. 크로노스를 괴물처럼 지나치게 크게 그린 느낌도 듭니다. 그러나 크로노스는 티탄이라는 거인족이니 오히려 신화의 설정대로 표현했다고 할 수 있겠습니다.

크로노스는 신들의 왕 우라노스의 아들이에요. 우라노스는 자신의 자식이지만 퀴클롭스 삼 형제와 헤카톤케이레스를 두려워하여 지하 감옥 타르타로스에 가두어 버립니다. 외눈박이 퀴클롭스, 손이 100개인 헤아톤케이레스를 흉측하게 여겨 가두었다는 이야기도 전해집니다. 그리스 로마 신화는 많은 사람들의 입에서 입으로 전해지다가 기록되었기에, 동일한 사건이 조금씩 다른 내용으로 각기 전승되기도 했습니다.

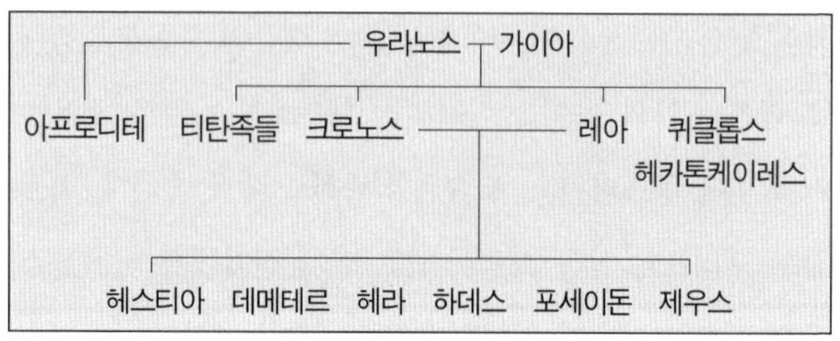

제우스의 형제들

퀴클롭스들과 헤카톤케이레스들이 지하에 갇혀 난동을 부리니 대지의 여신 가이아의 배가 무척 아파 견딜 수가 없었습니다. 그래서 남편에게 복수하기로 마음먹고 남편을 처치할 것을 아들에게 사주하는 막장 스토리로 이야기가 전개됩니다. 신이라 그런지 인간의 상상력을 뛰어넘습니다. 이 이야기의 다른 버전에서는 가이아가 지하 감옥에 갇힌 퀴클롭스와 헤카톤케이레스를 불쌍히 여겨 구해 주기 위해 남편 우라노스를 해치우기로 결심합니다. 연민을 가진 만물의 여신다운 모습이라 전자의 이야기보다는 더 따뜻하게 보입니다.

◆ 목성, 토성, 조지성!

우라노스, 크로노스, 제우스는 할아버지, 아버지, 손자로 직계

　　　　　신화를 길어다 과학을 지었다

가족입니다. 이 순서대로 천상 세계를 다스렸어요. 태양계 행성의 이름을 붙일 때 이 신들을 활용했어요. 제우스에 해당되는 로마 신 이름이 주피터입니다. 행성 중 가장 거대한 목성에 올림포스 신전의 왕인 주피터의 이름을 붙였지요. 위에서 말했듯이 크로노스에 해당되는 로마 신 이름은 '사투르누스(Saturnus)'입니다. 토성을 영어로 '새턴(Saturn)'이라 합니다. 바로 사투르누스에서 딴 이름이죠. 영어로 토요일인 Saturday는 '새턴의 날'이라는 의미입니다. 아주 좋은 신임을 인정하지 않을 수 없네요. 불금의 신도 나타나면 좋겠습니다.

천왕성은 이름 자체에 하늘의 왕이라는 '天王'이 들어 있습니다. 천왕성을 영어로 'Uranus'라 합니다. 토성 옆의 천왕성을 발견했을 때 제우스의 할아버지인 우라노스 신의 이름을 붙였어요. 하늘을 지배한 세 최고 신의 이름을 가까이 자리한 세 행성 목성, 토성, 천왕성의 이름으로 정한 게 재미있네요.

그런데 천왕성은 다른 이름이 될 뻔했었습니다. 천왕성은 1781년 영국의 천문학자 윌리엄 허셜이 처음 발견했어요. 새 행성의 이름을 지을 때 그는 신의 이름이 아닌 왕의 이름을 붙였습니다. 과학 연구 자금을 지원해 준 왕에게 고마움을 느꼈는지 당시 영국의 왕 조지 3세를 이름으로 썼어요. '조지의 행성'이라고 이름 지은 것이지요. 수성, 금성, 지구, 화성, 목성, 토성, 조지성!
아, 뭔가 '조진' 듯한 느낌입니다. 이렇게 배워야 한다는 생각만
으로도 아찔하군요. 보통 행성이나 원소가 새로 발견되면 발견
자가 명명하는 권한을 갖기에 저 이름이 굳어질 뻔했어요.

다행히 당시 천문학자들도 아찔함을 느꼈는지 저 이름을 거부
했습니다. 영국 왕 이름을 행성의 이름으로 쓰는 것을 경쟁 관계
에 있던 프랑스, 독일 등 주변국이 반길 리도 없었고요. 결국 우
라노스라는 이름을 붙였습니다. 우라노스는 하늘의 왕이기에 우
리는 '천왕성'으로 부릅니다. 다행입니다. 조지보다는 훨씬 멋있
는 이름입니다.

크로노스

크로노스는 시간의 신입니다. 그리스어로 '크로노스'는 시간

 신화를 길어다 과학을 지었다

이라는 뜻이에요. 그의 낫은 시간의 칼날입니다. 그 낫에 베이면 존재의 시간은 멈추게 됩니다. 그렇기에 그의 낫은 신체를 베는 낫만큼이나 무시무시합니다. 제우스의 형제들은 아빠 크로노스가 삼키자 시간이 멈추어 버립니다. 시간의 신답습니다. 엄마 레아의 속임수로 위기를 면한 제우스만 시간의 멈춤 없이 성장해요. 그래서 제일 막내인 제우스가 먼저 태어난 바다의 신 포세이돈, 지하의 신 하데스보다 더 형이 되죠. 인간이라면 이같이 꼬인 서열로 매번 싸울 법할 터인데 신이라 그런지 다 제우스에 순응합니다. 제우스의 계략에 속아 크로노스는 삼킨 자식 다섯을 토합니다. 이는 이들이 시간의 제약을 극복했음을 뜻합니다. 그래서 이들은 불로불사의 신적 능력을 회복합니다.

◆ 시간의 탄생과 속도

크로노스가 관장한다는 시간이란 대체 뭘까요? 놀랍게도 시간을 설명하기가 의외로 쉽지 않습니다. 늘상 우리는 시계를 보고 시간을 말하나 정작 시간을 쉽게 정의하지 못합니다. 한 사전은 이렇게 말합니다. 시간이란 '과거, 현재, 미래로 이어져 머무름이 없이 일정한 빠르기로 무한히 연속되는 흐름'이라고. 다시 놀랍게도 다수의 꾸미는 말을 제하면 사전은 '흐르는 것이 시간'이라고 말합니다. 예부터 시간이 강물 같다고 빗댄 까닭이겠어요. 거스름 없고, 머무름 없이 위에서 아래로 흐르는 강물은 시간의 물화(物化)라 할 만합니다. 그래서 많은 문인들이 잔잔한 물결을 보면서 지나간 역사를 떠올렸나 봅니다.

과학의 발전은 과거보다 시간에 대해 더 많이 알게 해 주었습니다. 오늘날의 과학은 앞서 언급한 시간의 사전적 정의에서 '시간이 무한히 연속되'지 않는다는 사실을 밝혀냈습니다. 약 138억 년 전쯤 하나의 점같이 너무도 작은 것의 폭발에서 우리가 존재하는 이 우주가 시작되었습니다. 그 폭발로 시간, 공간, 물질이 생겨났지요. 크게 빵 터졌다는 의미의 '빅뱅'이라는 이름을 붙였습니다.

'시간이 빅뱅으로 생겨났다고? 그럼 빅뱅 이전에 무엇이 있었는데?'라는 의문이 자연스레 듭니다. 그런데 과학자는 '빅뱅 이전'이란 개념은 성립할 수 없다고 말합니다. 쉽게 이해하기 어렵지만, 빅뱅으로 시간이 탄생했기에 빅뱅 이전의 시간은 존재할 수 없다고 설명합니다. '빅뱅 이전'에 대한 물음은 마치 북극점보다 북쪽에 무엇이 있느냐고 묻는 격입니다. 우리가 계속 북쪽으로 가면 북극점에 도달하지요. 그러나 북극점보다 더 북쪽으로

     신화를 길어다 과학을 지었다

갈 수는 없어요. 빅뱅 이전이 바로 그와 같다는 의미입니다. 빅뱅을 기점으로 시간이 흐르기 시작했으니 시간은 무한히 연속되지 않습니다. 강물에 수원(水源)이 있듯이 시간에도 시작점이 있었습니다.

또 과학은 시간이 '일정한 빠르기'가 아님을 밝혀냈습니다. 아인슈타인은 중력이 강한 곳에 있거나 빠르게 움직이는 존재의 시간은 느리게 흐른다고 주장했습니다. 유명한 상대성 이론이에요.
영화 〈인터스텔라〉에서 주인공 쿠퍼는 블랙홀과 매우 가까운 밀러 행성을 탐사합니다. 황당하게도 밀러 행성에서의 1시간은 지구 시간으로 7년에 달합니다. 블랙홀의 강력한 중력 때문에 시공간이 뒤틀려 밀러 행성에서는 시간이 매우 느리게 흐르기 때문입니다. 쿠퍼가 밀러 행성에서 우주선으로 복귀하기까지 세 시간 정도 걸립니다. 지구 시간으로는 23년 4개월이었어요. 우주선에 도착한 쿠퍼가 23년 동안 아들이 보낸 영상 편지를 한 번에 돌려보는 장면은 슬프고 인상적입니다. 어제까지 청소년이었던 앳된 얼굴의 아들이 수염과 주름이 점점 많아진 얼굴로 결혼, 출산, 자식의 죽음까지 겪은 본인의 삶을 이야기합니다. 마지막 편지에서 아들은 쿠퍼만큼이나 늙은 얼굴로 아버지가 살아 있을 거란 희망을 거두겠다고까지 말합니다. 쿠퍼가 3시간을 보내는 동안 지구의 시간은 그렇게나 많이 흘러 버립니다. 이렇게 중력은 시간을 비틀어 버릴 수 있어요. 거짓말같이 기이해 보이지만 정말 그렇습니다.

속도도 시간에 영향을 줍니다. 10살인 쌍둥이 형제 갑돌이와 몽돌이가 있다고 해 봅시다. 갑돌이는 집에 그대로 머물고, 우주인이 된 몽돌이는 우주선을 타고 빛의 속도의 80퍼센트로 4광년 떨어진 별에 갔다가 같은 속도로 돌아오기로 했어요. 몽돌이가 지구에 귀환했을 때 둘의 나이는 똑같을까요? 당연한 걸 묻는 것 같기도 합니다. 쌍둥이의 나이가 달라질 리가 있겠어요? 우주에 갔다 오면 시간을 다르게 먹기라도 한단 말인가요? 말도 안 되는 소리 같습니다.

그런데 황당하게도 말이 됩니다. 나이가 달라집니다. 다만 우주가 원인이 아니라 우주선의 속도가 원인이에요. 광년이란 빛이 일 년 동안 진행한 거리를 말합니다. 빛의 속도로 1년간 직진하여 도달하는 곳까지가 1광년입니다. 그러므로 4광년은 빛의 속도로 날아가면 4년이 걸립니다. 지구에서 보면 몽돌이는 빛의 속도의 4/5로 움직이므로 그 별에 도착하기까지 5년 걸려요. 왕복해야 하니 10년 걸리는 셈입니다. 그러므로 몽돌이 귀환 시 갑돌이는 10살을 더 먹어 20살이 돼요. 그런데 놀랍게도 아주 빠른

　　　　　　　　신화를 길어다 과학을 지었다

속도로 움직인 몽돌이의 시간은 느리게 흘러요. $\sqrt{1-(v^2/c^2)}$의 비율만큼 느려진다는 것을 아인슈타인이 밝혔습니다. v는 우주선의 속도, c는 빛의 속도입니다. v가 빛의 속도의 4/5이므로 계산하면 $\sqrt{1-(\frac{4}{5})^2}=\frac{3}{5}$이므로, 60% 비율로 느리게 나이를 먹습니다. 그러므로 몽돌이는 10살의 60%만큼 시간이 흐릅니다. 즉 10살에서 6살을 더 먹어 16살이 됩니다. 이렇게 시간이 기이한 모습을 드러낼 수도 있습니다. 베텔게우스 별은 지구에서 500광년 정도 떨어져 있어요. 몽돌이가 이곳으로 빛의 속도의 99.995퍼센트 속도의 우주선을 타고 갔다가 지구로 돌아오면 어떤 일이 일어날까요? 위 공식에 대입하면 몽돌이의 시계는 지구 시계의 1/100의 속도로 갑니다. 그래서 베텔게우스까지 5년이면 도착하죠. 그래서 몽돌이가 지구로 돌아오면 몽돌이는 20살이 돼요. 몽돌이가 10살 먹는 동안 지구는 1,000년이 지나 있습니다. 몽돌이는 천 년 뒤 미래의 지구를 살게 됩니다. 이것이 타임머신입니다!

현실에서는 쿠퍼와 몽돌이 겪은 일과 같은, 기이한 타임머신 현상이 일어나지 않는 이유는 뭘까요? 그것은 시간의 왜곡을 인식할 만큼 중력이 강한 천체가 우리 주변에 없기 때문이에요. 또 초속 30만 킬로미터인 빛에 비하면 우리 주변의 속도는 굼벵이처럼 느려 터졌기 때문이죠. 빛의 속도에 가까운 우수선으로 우주여행을 한다면 이런 일들이 일어날 수도 있겠으나 머나먼 일입니다. 현실은 똑같은 시간을 먹어 가며 풍화되어 가는 우리네 삶이 있을 뿐이에요.

우리는 무엇인가요? 어떻게 보면 그리 대단할 것 없는 시공간의 좌표 위에서 탄생에서 죽음으로 선을 따라 한 생을 살아가는 존재입니다. 곁에 있는 가족을 봅니다. 오랜 시간의 비바람에 풍화되어 가는 모습을 보는 눈에는 서글픔이 맺힙니다.

◆ 너 정말 아름답구나

유년의 제 눈에 비친 아버지는 '멋진 사나이'였습니다. 바람결에 긴 머리카락을 날리며 오토바이를 몰았지요. 당황할 법한 일이 일어나도 늘 '허허' 하며 여유롭게 웃으셨습니다. 아버지의 멋을 배우며 크고 싶었습니다. 어느새 그때의 아버지보다 현재의 제가 더 나이 먹었음을 깨닫습니다. 아직 아버지의 멋을 채 배우지 못했는데…….

이제 아버지는 천천히 걸어도 숨차 하십니다. 수술한 다리 때문에 왼발에서 오른발로, 오른발에서 왼발로 무게 중심을 옮길 때 아버지의 몸이 휘청입니다. 그럼에도 옆에서 부축하려 하면

신화를 길어다 과학을 지었다

손사래 칩니다. 내민 손이 무안해지면서도 다행스러움을 느낍니다. '아직은 꼭 부축하지 않아도 될 만큼 약해지지는 않았으니……' 아버지의 가빠진 호흡에서 시간의 서늘함이 흩어집니다. 제우스의 아버지 크로노스는 영생하겠지만 저의 농부 아버지는 녹슨 낫처럼 쇠하여 갑니다. 시간은 크로노스의 낫처럼 거침이 없습니다.

부모님이 계신 시골에 가서 대가족이 함께 중국집에서 외식을 몇 번 했어요. 그때마다 형과 저는 아버지가 이 식당에서 늘 먹는다는, 메뉴판에도 없는 약간 매운 해물짬뽕을 시켰어요. 형도 저도 면을 입안 가득 밀어 넣으면서 아버지는 진짜 맛난 거만 잘 찾아 드신다며 너스레를 떨었지요. 아버지는 짬뽕과 소주를 번갈아 드셨습니다. 그 옆에서 어머니는 소주 반 잔을 마시고는 '아이구, 나는 소주는 독해서 못 믹겠다' 하며 얼굴을 찌푸리셨죠. 점점 어릴 때 보았던 외할머니처럼 어머니의 입술이 둥글게 모여 가는 모습이 편하지 않았으나 어머니가 환하게 웃고 있어서 같이 웃었지요. 맛있냐는 할아버지의 물음에 손자는 두 눈만 껌뻑이며 자장면을 입안 가득 퍼 넣었어요. 춘장이 턱까지 묻었지요. 웃고 있는 이 시간이 언제까지나 계속될 수 없음을 알기에 웃음이 끝날 즈음엔 쌉싸름함이 혀끝에 맴돌았습니다. 그때

괴테의 《파우스트》의 한 구절이 떠올랐어요.

"멈추어라, 너 정말 아름답구나."

크로노스의 저 낫으로, 시간이 느리게 흐르는 비밀을 밝힌 아인슈타인의 법칙으로, 시간이란 것을 멈춰 세워, 오래, '지금'을 머물게 하고 싶습니다.

신화를 길어다 과학을 지었다

2.

두 명의 프로메테우스, 윤동주와 오펜하이머

"나는 이제 죽음이요, 세상의 파괴자가 되었다."

죽는 날까지 하늘을 우러러 한 점 부끄럼 없기를

잎새에 이는 바람에도 나는 괴로워했다.

- 윤동주, 〈서시〉 중 -

'하늘을 우러러 한 점 부끄럼 없'는 순수한 삶을 살 수 있을까요? 우리 삶을 잠깐 떠올리면 부끄러운 일투성이입니다. '한 점' 아닌 한 평으로도 감당 안 되는 부끄러운 삶이지요. 그러나 청년 윤동주는 한 점의 부끄러움도 없는 일생을 바랐습니다.

문제는 일제 강점기라는 가혹한 현실이었습니다. 독실한 기독교 신자였던 윤동주는 '네 이웃을 사랑하라'는 가르침을 실천하려 했어요. 그러나 조선인을 난도질하는 일본인이나 같은 민족의 등에 칼을 꽂는 친일 부역자 또한 '이웃'이라면 이 또한 '사랑'해야 한다는 말인가요? 부조리한 사회를 그대로 둔 채로 한 개인만 깨끗한 삶을 살 수 있을까요? 이같이 부조리한 현실을 마주한 윤동주는 끊임없이 스스로를 돌아보면서 '잎새에 이는 바람'처럼 작은 일에도 고뇌에 빠졌습니다.

지식인이 드물었던 시기, 윤동주는 조국이 식민지인 현실에서 지식인으로서의 사명감을 느낍니다. 조국의 현실을 무시하고 본인의 성취에만 전념하면 삶이 평안할 것임을 알았어요. 일제에 저항하는 길은 가시밭을 딛으며 나아가는 길이고, 생명까지 잃을 수 있는 일임을 모르지 않았어요. 그러나 윤동주는 그러지 않습니다. 윤동주를 보면서 프로메테우스를 떠올립니다.

내가 오래 기르는 여윈 독수리야

와서 뜯어 먹어라, 시름없이

(······중략······)

프로메테우스 불쌍한 프로메테우스

불 도적한 죄로 목에 맷돌을 달고

끝없이 침전하는 프로메테우스

- 윤동주, 〈간〉 중 -

◆ 프로메테우스

"네가 멍청한 줄은 익히 알고 있었지만 이 정도까지일 줄은 몰랐구나. 꼴도 보기 싫으니 썩 물러가거라."

동생 에피메테우스는 자기 이름처럼 생각 없이 행동을 먼저 하고 후회하는 일이 많았다. 이름처럼 미래를 예지하는 형 프로메테우스의 조언도, 질책도 소용이 없었다. 그런 동생의 특성을 잘 알기에 그가 종종 실수를 해도 좀처럼 화를 내지 않았으나, 프로메테우스도 오늘만큼은 참을 수 없었다.

티탄 신족과의 전쟁에서 승리한 제우스는 프로메테우스를 불러 말했다.

"아래로는 뭇짐승을 다스리고 위로는 우리 신을 섬길 '인간'을 만들도록 하여라."

프로메테우스는 설렜다. '신을 빼닮은 피조물이라니…' 프로메테우스는 먼저 질 좋은 진흙을 구했다. 거기다 물을 붓고 반죽하여 신들의 형상과 비슷하게 인간을 빚었다. 그것을 이레 동안 볕에 말린 뒤 생명을 불어넣으려 했다. 그때 지혜의 여신 아테나가 지나가다 나비를 한 마리 날려 보냈다. 나비가 인간의 콧구멍으로 들어가니 비로소 인간에게 마음이 깃들게 되었다.

프로메테우스는 인간에게 직립(直立)할 수 있는 능력을 선물하였다. 다른 동물은 모두 고개를 숙여 땅을 내려다보는데

       신화를 길어다 과학을 지었다

인간만은 고개를 들어 하늘의 별을 바라볼 수 있게 했다. 프로메테우스는 인간에게 더 뛰어난 능력을 주고 싶었다. 인간과 동물에게 살아가는 데 필요한 여러 가지 능력을 부여하는 임무는 에피메테우스가 맡았었다. 그래서 인간에게 줄 선물을 얻기 위해 에피메테우스를 부른 참이었다.

"빨리 달리는 능력은 사자에게, 힘은 코끼리에게, 날카로운 발톱은 독수리에게, 단단한 껍질은 거북에게 주어 제게는 인간에게 줄 만한 남은 것이 없습니다."

에피메테우스는 인간에게 줄 몫을 남겨 두지 않고 다 써 버린 것이었다. 화를 내며 에피메테우스를 내쫓은 프로메테우스는 근심에 잠겼다. 자신이 창조한 인간에 애정이 많은 프로메테우스였다.

'이대로라면 근력이 약하고 날카로운 발톱도 없는 인간이 사자와 하이에나를 어떻게 쫓아낼 수 있겠는가?'

프로메테우스는 제우스가 던지는 벼락의 불씨를 떠올렸다. 직립으로 두 손이 자유로워진 인간이라면 불을 다루기 용이

할 터였다. 프로메테우스는 제우스의 벼락에서 불씨를 훔쳐 속 빈 회향나무 막대기 안에 넣은 후 인간에게 전해 주었다. 제우스가 가혹한 처벌을 내릴 것을 모르진 않았다. 그러나 이것만큼 인간에게 좋은 선물은 없다 생각하여 형벌을 각오하고 행한 일이었다. 프로메테우스가 전해 준 불로 인간은 음식을 익혀 먹을 수 있었고, 사냥용 무기와 농사짓는 도구를 만들 수 있었다. 또 추워도 거처를 덥힐 수 있었고, 화폐도 주조할 수 있었다. 이로써 인간은 다른 동물이 감히 넘보지 못하는 존재가 되었다.

제우스는 크게 분개했다. 힘의 신에게 명령하여 코카서스산 절벽에 프로메테우스를 묶게 했다. 그리고 독수리로 하여금 프로메테우스의 간을 쪼아 먹게 했다. 독수리가 간을 쪼아 먹고 나면 간은 새로 돋아났고, 새로 돋아나면 독수리는 다시 간을 쪼았다. 신은 죽지 않기에 프로메테우스는 죽지 않는 몸으로 이 고통스러운 형벌을 반복하여 계속 받았다. 프로메테우스는 제우스가 궁금해하는 미래를 알고 있기에 그것으로 협상하여 풀려날 수도 있었다. 그럼에도 그는 제우스와 타협하지 않았다. 고통스러운 형벌에 비굴해지지도 않았다. 훗날 영웅 헤라클레스가 구해 주기 전까지 불굴의 의지를 보여 준다.

프로메테우스

◆ 신의 연습 작품

　프로메테우스는 진흙으로 신의 형상을 본떠 인간을 만듭니다. 많은 신화에서 인간을 진흙으로 빚는데, 그 모습은 신을 본떴다고 합니다. 음, 거울을 보면 참으로 믿기 어려운 말입니다. 신과 닮은 모습이라면 차은우, 장원영 같은 모습이어야 하지 않을까요? '내 얼굴은 대체 어떤 신의 모습을 본떴단 말인가. 차은우를 만들기 전 연습 삼아 만든 작품이었나?' 하는 의문이 듭니다. 차은우의 연습 대상이라면 나의 존재 가치가 조금 더 높아진 것 같기도 하지만….

그런데 고대 선조들은 왜 하필 많은 재료 중 진흙이 인간의 재료라 했을까요? 생각해 보면 가장 그럴듯합니다. 인간의 주검을 묻은 후 오랜 시간이 지나면 그 형체는 거의 사라집니다. 놀랍지 않은가요? 놀랍지 않다면 과학을 잘 아는 지금의 시각으로 보아서 그렇습니다. 오래전 선조가 봤다면 무척 기이한 일이었을 겁니다. 육신이 다 어디로 갔단 말인가요? 놀라울 수 있는 이 현상을 처음부터 인간이 흙으로 만들어졌다고 가정하면 쉽게 납득되는 일이 됩니다. '흙으로 돌아간다'는 말이 괜히 있는 게 아니었어요. 사실 진흙으로 인간을 만들었다는 말이 과학적으로도 틀렸다고 하기도 어렵습니다. 왜 그럴까요?

우리는 무엇인가요? 인간의 몸은 무엇으로 구성돼 있을까요? 우리 몸의 80%는 물이에요. 진흙처럼 우리는 물을 머금고 있습니다. 80%라니! 이 정도면 우리를 인간이라고 말하기보다 걸어 다니는 물풍선이라고 해야 하지 않을까요? 그래서 우리 배가 불룩하고 말랑말랑한 걸까요?

익히 알듯이 물의 분자식은 H_2O입니다. H는 수소, O는 산소

신화를 길어다 과학을 지었다

이니 수소 둘과 산소 하나가 혼인하면 물이 되죠. 물이 우리 몸의 대부분을 차지하는데, 물에는 산소보다 두 배 많은 수소가 있으니, 우리 몸은 수소를 제일 많이 보유하고 있습니다. 그다음은 당연히 산소. 산소 다음은 탄소, 질소이고 그 외의 미량의 여러 원소를 더 함유하고 있어요. 진흙은 물을 머금은 흙이니, 진흙에는 수소, 산소가 많으며, 그 외에도 탄소, 질소도 있지요. 이처럼 우리 몸과 진흙의 주요 성분이 겹칩니다. 선인들이 과학적 식견이 높았다고 봐야 할까요? 구성 성분이 너무도 흡사하네요. 진흙을 사람 모양으로 잘 빚어 구워 봅시다. 혹시나 차은우가 될지도 모르잖아요.

진흙과 인간을 구성하는 물질은 어찌 이다지도 비슷할까요? 인간은 정말 초월적 존재가 빚은 창조물일까요? 알 수 없는 일입니다. 그러나 다른 답이 가능합니다. 생명은 지구 표면에서 가장 흔한 물질을 재료로 삼아 탄생했고, 인간은 그것을 이어받았다고 보는 견해예요. 수소, 산소, 탄소는 지구 표면의 땅과 바다에서 가장 흔한 물질입니다. 그리고 우주에서 가장 흔한 물질이기도 합니다. 지구가 우주의 부스러기로 만들어졌기 때문입니다.

관측 가능한 우주의 물질은 수소와 헬륨이 대부분을 차지하고 있습니다. 사실은 암흑에너지와 암흑물질의 비중이 훨씬 많다고 하지만 '암흑'이라는 이름을 붙일 정도로 미지의 물질이기에 제외하고 살펴봅니다. 그러면 우주에는 수소가 90%, 헬륨이 8% 정도 있습니다. 나머지 모든 원소를 다 합쳐도 2%가 채 되지 않아요. 이는 빅뱅과 관련이 있어요. 빅뱅 직후 우주에는 양성자보다 중성자가 많았습니다. 양성자는 전기적 성질을 띠는, 중성자는 전기적 성질이 없는 매우 작은 입자입니다. 화학자 돌턴은 원자가 더 이상 쪼갤 수 없는 가장 작은 입자라 생각했으나, 과학이 발달하면서 원자는 양성자, 중성자, 전자라는 더 작은 입자로 이루어져 있음이 밝혀집니다. 양성자와 중성자는 함께 원자핵을 구성합니다.

◆ 빅뱅과 헬륨

상황에 따라 양성자와 중성자는 서로 뒤바뀌기도 합니다. 중성자가 양성자보다 약간 더 무겁기 때문에 양성자가 중성자로 바뀌는 것은 중성자가 양성자로 바뀌는 것에 비해 에너지가 더 듭니다. 그래서 중성자가 양성자로 바뀌기가 더 쉬워요. 그리하여 빅뱅 초기 우주는 중성자가 양성자로 많이 바뀌어 양성자가 중성자보다 7배 정도 더 많았습니다.

원자핵에는 양성자가 들어 있기 때문에 두 원자핵이 가까워지면 서로를 밀어냅니다. 전자기력이 작용한 것이에요. 전자기력은 자연에 존재하는 기본적인 힘으로 정전기처럼 전기적인 힘을 가진 입자가 일으키는 힘을 말합니다. 자석처럼 같은 전기적 성질을 가진 입자끼리는 밀어내고 다른 전기적 성질을 가진 입자끼리는 서로 당겨요. 원자의 핵은 양성자 때문에 양의 전기적 성질을 가지고 있으므로 두 원자핵이 서로 가까워지면 전자기력의 반발력이 커져요. 그래서 두 원자핵이 서로 합해지는 일은 좀처럼 없습니다.

그러나 고온, 고압의 상황에서는 원자핵이 융합되기도 합니다. 고온은 두 원자핵이 엄청나게 빠르게 흔들리다가 부딪히도록 하며, 고압은 두 원자핵이 붙도록 밖에서 힘을 가하기 때문입니다. 원자핵이 융합되면 양성자가 합해져, 양성자의 수가 많아집니다.

원소 주기율표에는 원소들이 빽빽이 나열돼 있어요. 1번에서 118번까지. 이 번호는 원자번호인데 원소가 가진 양성자 수와 같습니다. 이건 정말 놀라운 사실입니다. 손가락에 낀 소중한 금반지와 방금 발로 찬 깡통이 궁극적으로는 그다지 차이가 없다는 말이지요. 금과 철은 양성자 수가 달라서 금이 되고 철이 되었을 뿐입니다. 산소와 알루미늄도 마찬가지예요. 그렇다는 말은 양성자 수가 달라지면 원소가 달라진다고 추론할 수 있습니다. 맞는 말입니다. 원자핵이 쪼개지거나 원자핵이 더해지면 다른 원소가 만들어집니다. 전자가 핵분열이고, 후자가 핵융합입니다.

빅뱅 초기 양성자가 중성자보다 7배 많았으므로 양성자가 14개 있다면 중성자는 2개 있었습니다. 수소의 원자핵은 양성자 하나이고, 헬륨의 원자핵은 양성자 2개, 중성자 2개입니다. 양성자 간에는 서로 반발하는 힘이 크기에 이 둘을 화해시켜 옹기종기 모이게 할 중재자가 필요합니다. 이름마저 비슷한 중성자가 중재자 역할을 담당하고 있습니다. 그래서 양성자가 하나라서 굳이 중재자가 없어도 되는 수소 외엔 모두 중성자가 있습니다. 수소 외의 원소는 모두 양성자가 둘 이상이라 중재자가 필요하기 때문입니다. 헬륨 원자핵에는 중성자 둘이 있어야 성미 까다로운 양성자를 진정시킬 수 있지요.

핵융합이 일어나 양성자 2개, 중성자 2개가 하나의 원자핵 안에 모이면 헬륨 원자핵을 이룹니다. 말했듯이 빅뱅 초기 '양성자:중성자'는 '14:2'의 비율로 존재했습니다. 핵융합으로 2개의 양성

　　　　　　　신화를 길어다 과학을 지었다

자와 2개의 중성자가 헬륨 원자를 만들면, 양성자만 12개 남습니다. 수소는 양성자 1개로 이루어지므로 양성자 12개는 수소 원자 12개와 같습니다. 따라서 수소와 헬륨은 12:1의 비율을 이루게 되죠. 우주의 수소, 헬륨 비율이 3:1이라고도 말하는데, 그것은 원소의 수량이 아니라 원소 전체의 질량 비율이에요. 양성자 및 중성자가 4개인 헬륨이 양성자 하나인 수소보다 4배가량 무겁기 때문에 질량의 비는 3:1 정도가 되는 겁니다.

12:1을 보았을 때 뭔가 신기한 기분이 들었을지도 모르겠네요. 기가 막히게도 이는 현재 수소와 헬륨이 90%와 8%를 차지하고 있는 비율과 잘 들어맞아요. 이 사실은 빅뱅이 실제 있었다는 주요한 증거가 됩니다. 헬륨이 별 안에서만 만들어졌다면 질량비율이 우주의 25%나 될 만큼 큰 비중을 차지할 수가 없죠. 빅뱅이 일어난 직후 고온, 고밀도의 상태에서 수소의 핵융합에 의해 많은 헬륨이 만들어져야 현재의 상태가 설명돼요. 헬륨은 아주 안정적인 원소로 한번 만들어지면 쉽게 파괴되지 않기에 빅뱅 때의 헬륨이 지금까지 남아 있게 되었습니다. 우주와 지구의 구성 성분이 유사하다 했는데, 진흙에 헬륨은 왜 없을까요? 그것은 헬륨은 다른 원소와 좀처럼 상호작용을 하지 않으면서, 다른 원소보다 가볍기 때문이에요. 그래서 지구 대기 밖 우주로 대부분이

날아가 버려서 우주에서는 흔하지만 지구에서는 귀한 몸이 되었어요.

◆ 별의 뱃속에서

우주에 수소와 헬륨 다음으로는 산소와 탄소가 많습니다. 산소와 탄소, 그리고 그 외의 많은 원소들은 별의 내부에서 탄생했어요. 대폭발로 흩어진 수소 기체는 밀도가 다른 곳보다 조금 더 큰 곳으로 모여 중심핵을 만듭니다. 중력의 작용이에요. 중력은 물질 사이에 작용하는 서로 끌어당기는 힘을 말합니다. 주위 물질을 서서히 끌어당겨 물질이 모일수록 중력은 더 증가해요. 점점 더 큰 수소 기체 뭉치가 되죠. 그리고 기체가 중력이 강한 쪽으로 낙하하면서 운동에너지가 발생하여 가열됩니다. 중심 온도가 1,000만 도에 이르면 수소 핵융합이 일어나 수소가 헬륨으로 바뀌기 시작합니다. 수소가 헬륨으로 바뀔 때 엄청난 에너지를 방출하기에 뜨겁고 밝게 빛을 내요. 우리 선조들은 그런 천체에 그립고 아름다운 이름을 붙였어요. 바로 '별'이지요.

빛을 내는 별의 중력은 어마어마한데도 쪼그라들지 않는 것

 신화를 길어다 과학을 지었다

은 수소 핵융합으로 발생하는 에너지가 밖으로 향하기 때문이에요. 안쪽으로 당겨지는 중력과 바깥으로 발산하는 핵융합 에너지는 서로 균형을 이루어 각자 적절한 크기의 별을 이루어 불타며 빛을 냅니다. 그런데 수소 연료를 모두 태우면 밖으로 뻗어갈 힘이 없기에, 강력한 중력에 의해 별의 핵이 수축해요. 그러면 온도가 다시 상승하죠. 그 온도가 1억 도에 이르면 이번엔 헬륨이 타기 시작합니다. 헬륨 원자핵의 융합이에요. 헬륨 핵융합으로 탄소, 산소 등이 만들어집니다. 이렇게 별들은 수소를 원료로 다른 원소들을 잉태했다가 폭발하거나 외피를 떨구면서 원소들을 우주 공간으로 퍼뜨립니다. 우주에는 별에서 나온 다양한 원소의 성간 물질이 쌓여요. 거기서 다시 별이 탄생하고 별이 될 만큼 크지 않은 덩어리는 행성이 됩니다. 지구도 바로 그런 행성 중 하나죠. 별의 뱃속에서 지구가 나왔고 지구의 품속에서 생명이 탄생했습니다. 우주, 지구, 인간의 물질이 다 비슷한 이유입니다.

우리는 무엇인가요? 별이 뱃속에서 탄생한 자손입니다. 이 말은 여러 번 들어도 가슴 뭉클합니다. 우리는 우주에 속하면서 우리 몸 안에 우주가 들어 있는 존재입니다. 우리 인간, 그리고 지구의 생명들은 모두 우주의 먼지로 이루어졌다는 점에서 한 형제입니다.

연금술사들은 납이나 철로 금을 만들기 위해 오랜 세월 실험을 거듭했어요. 그들 중 성공한 이는 아무도 없습니다. 단일한 원소를 다른 원소를 바꿀 수 없다는 것을 그들은 알지 못했어요. 원소가 바뀌기 위해서는 원자핵 속의 양성자 수가 바뀌어야 합니다. 원자핵은 견고한 성채 같아서 좀처럼 변하지 않습니다. 연금술사들은 몰랐어요. 화학적 방법으로는 원자핵 주위를 돌고 있는 전자만 변동이 있을 뿐, 원자핵은 바뀌지 않는다는 사실을요.

그런데 20세기에 들어서면서 원소가 스스로 연금술을 일으키기도 한다는 사실이 밝혀지기 시작합니다. 1938년 화학자 오토 한과 물리학자 리제 마이트너는 협력하여 우라늄이 더 가벼운 원소로 바뀌면서 에너지를 방출한다는 사실을 처음 발견합니다. 원자 핵분열입니다.

아인슈타인은 특수상대성이론에서 $E=mc^2$라는 유명한 공식을 끌어냈습니다. 에너지(E)는 질량(m)과 c(빛의 속도)의 제곱과 비례한다는 말입니다. 놀랍게도 이는 서로 관련이 없을 것이라 여겼던 에너지와 물질이 서로 바뀔 수 있음을 보여 줍니다. 우라늄이 더 가벼운 원소로 바뀐다면 사라진 질량만큼 에너지로 바뀌어 방출된다는 것을 의미해요. 빛은 1초에 약 30만 킬로미터를 이동하는데, 그것을 제곱하면 소량의 질량만으로도 가공할 에너지가 나오게 됩니다. 핵분열은 별에서 일어나는 핵융합과 반대의 과정이지만 가공할 에너지가 나온다는 점에서는 비슷합니다.

이 발견이 발표되었을 때 많은 과학자가 서늘한 그림자를 느꼈어요. 핵분열 에너지를 이용한다면 도시 하나쯤은 손쉽게 날려 버릴 폭탄을 만드는 일이 시간 문제로 보였기 때문이에요. 실제로 2차 세계대전을 일으킨 독일은 핵폭탄 개발에 착수합니다. 당대 최고의 이론물리학자로 꼽히는 하이젠베르크까지 참여했기에 연합국은 긴장했습니다.

미국이 독일보다 먼저 핵무기를 개발해야 한다고 생각한 과학자들이 미국 정부에 핵부기 개발을 촉구했어요. 유럽을 종횡무진할 만큼의 막강한 군사력이 있으며, 유태인과 장애인을 학살하는 잔혹함이 있는 나치 독일이 핵무기를 먼저 가진다면 세계의 재앙이 될 거라 예견했어요. 우리가 잘 아는 아인슈타인도 루스벨트 대통령에게 편지를 써 핵무기 개발의 시급함을 역설했어요. 그렇게 하여 추진된 계획이 맨해튼 프로젝트입니다. 물리학자 오펜하이머가 이 계획에서 이론 및 기술의 최고책임자 역할을 맡습니다. 오펜하이머는 최선을 다해 성공적으로 핵무기를 완성시킵니다.

1945년 7월 16일 미국 뉴멕시코주 엘라모고도 사막에서 핵폭발 실험이 이뤄집니다. 이론으로만 연구됐던 핵무기가 실제로 가능함을 증명한 실험이었지요. 거대한 버섯구름을 일으키며 대폭발이 일어났을 때 오펜하이머는 힌두교 경전의 한 구절 "나는 이제 죽음이요, 세상의 파괴자가 되었다"를 떠올렸습니다. 핵무기가 인류에 재앙이 될 수 있음을 실감했던 겁니다.

다행히 독일이 이미 항복한 뒤여서 유럽 대륙에 이 폭탄은 떨어지지 않았습니다. 그런데 전황이 기울었음에도 결사항전하는 일본이 남아 있었습니다. 미국은 일본 본토에 상륙하여 전쟁을 종식하는 작전은 100만 명 이상의 희생자를 낼 것으로 추정했어요. 미국 정부는 독일에 대항하여 개발된 핵폭탄을 일본에 투하하기로 결정합니다.

크리스토퍼 놀란 감독은 영화 〈오펜하이머〉에서 오펜하이머를 프로메테우스에 빗댑니다. 그럴듯합니다. 그가 만든 폭탄은 일본의 히로시마와 나가사키에 떨어집니다. 지금 생각하면 '꼭 사람들이 많이 사는 도시에 떨어트려야 했을까? 폭탄의 가공할

   신화를 길어다 과학을 지었다

위력만 보여 줘도 원하는 결과를 얻지 않았을까'라는 의문이 드는데, 당시 미국 정부는 핵폭탄을 두 도시로 투하하기로 결정합니다. 제우스의 번개에서 가져온 작은 불씨로 문명을 일군 인간이, 제우스의 번개에 비견될 파괴력을 가진 불덩이를 만든 뒤 실제로 사용까지 한 것입니다. 제우스는 이런 상황까지 염려하여 프로메테우스에게 그렇게 분노했던 것일까요?

독일의 전범들로부터 인류를 구해야 한다는 목표로 매진한 일이었고, 폭탄 투하를 결정할 정치적 권한이 있지도 않았으나, 대중의 비난의 화살은 이 가공할 무기의 개발자를 겨누었습니다. 인류에게 불을 건네준 죄로 간을 뜯겨야 했던 프로메테우스처럼 오펜하이머는 금단의 폭탄을 개발하여 수많은 사람을 죽였다는 죄목으로 사람들로부터 비난의 난도질을 당합니다.

◆ 조선의 프로메테우스, 윤동주

프로메테우스는 최고신 제우스에게도 없는 예지력이 있습니다. 프로(pro-)는 '먼저, 앞'의 의미가 있습니다. '프롤로그'는 그것을 활용한 말이에요. 즉 프로메테우스는 '미리 생각하는 사람'

이라는 뜻이에요. 그러므로 그는 제우스의 뜻을 거스르며 인간에게 불씨를 선물했을 때 자신에게 닥칠 불행을 예견할 수 있었습니다. 그럼에도 자신의 행복과 안녕을 위하지 않고, 옳다고 생각한 일에 몸을 던집니다. 가혹한 환경에 둘러싸인 힘 약한 인간에 연민을 느꼈기 때문이겠지요.

윤동주는 조선의 독립을 자신의 길로 삼을 때 자신에게 닥칠 불행을 예견했을 겁니다. 그럼에도 자신의 안녕이 아니라 옳다고 믿는 길을 걷기로 합니다.

> 밤이면 밤마다 나의 거울을
> 손바닥으로 발바닥으로 닦아 보자
>
> 그러면 어느 운석 밑으로 홀로 걸어가는
> 슬픈 사람의 뒷모양이
> 거울 속에 나타나 온다
>
> — 윤동주, 〈참회록〉 중 —

윤동주는 끊임없이 스스로를 성찰합니다. 그리고 행합니다. 밝고 영화로울 수 없는 길을 걸어갈 것이기에 '슬픈' 모습입니다. 여기 머물지 않고 앞으로 나아가기에 거울에는 '뒷모양'이 나

　　　　　　　　　신화를 길어다 과학을 지었다

타납니다. 형극(荊棘)의 길에 여러 사람이 있을 리 없지요. 그는 '홀로 걸어' 갑니다. 질곡의 삶일 것임을 예견하나 몸을 던집니다. 프로메테우스처럼 말이지요. 부끄럽지 않은 삶을 살고자 했고, 억압받는 힘없는 조선 민중에 연민을 느꼈기 때문일 겁니다.

윤동주

오펜하이머

◆ 핵폭탄, 운명, 영면

미국의 프로메테우스, 오펜하이머의 핵폭탄은 1945년 8월 일본 본토로 떨어집니다. 폭탄의 이름은 리틀보이와 팻맨입니다.

우스꽝스러운 이름의 두 폭탄은 침략 전쟁을 일으킨 냉혈한 일본의 권력자가 아닌, 작고 조용한 도시에 살던 시민을 뜨거운 불로 녹여 버립니다. 무려 20만 명을요.

20세기의 불을 가져온 미국의 프로메테우스가 간이 뜯기는 듯한 죄책감을 가졌을 법합니다. 이후 그는 반전 운동을 하며, 더 강력한 수소 폭탄의 개발 추진 계획에는 적극적으로 반대해요. 그 때문에 소련의 스파이로 의심받아 그와 가족 모두가 고통받습니다. 그는 62세에 후두암으로 사망하였고, 아버지가 공산주의자로 의심받으면서 함께 고통받던 딸은 32살에 자살했습니다.

윤동주는 1943년 7월 일본에서 체포되어 2년 형을 선고받아 형무소에 수감됩니다. 후쿠오카 형무소에 투옥된 후 정체를 알 수 없는 주사를 계속 맞습니다. 주사를 맞은 후 건강이 급격히 나빠져, 1945년 2월, 염원하던 광복을 6개월 남겨 둔 채 숨을 거둡니다. 27세였습니다. 그해 8월, 오펜하이머가 개발했던 핵폭탄이 일본에 떨어진 후 대한제국은 광복을 맞습니다.

프로메테우스처럼 현실에 타협하여 안녕을 구하지 않던 윤동주는 독수리에게 간을 끝없이 쪼이는 것 같은 괴로움을 느꼈습니다. '목에 맷돌을 달고 끝없이 침전'하는 아픔이었을 겁니다. 신화에서는 훗날 영웅 헤라클레스가 프로메테우스를 형벌에서

 신화를 길어다 과학을 지었다

구출합니다. 현실의 윤동주는 그 무엇으로부터도 구출받지 못하고 끝내 타국의 감옥에서 삶을 마감합니다.

> "무슨 뜻인지 모르나 마지막 외마디 소리를 지르고 운명했지요. 짐작건대 그 소리가 마치 '조선 독립 만세'를 부르는 듯 느껴지더군요."

윤동주의 최후를 감시하던 일본인 간수가 유족에게 전한 말입니다. 그의 비통한 울부짖음이 들립니다.

한 개인이 감당하기 힘든 질곡의 역사를 마주하여 불처럼 뜨겁게, 가슴이 찢기듯이 아프게 생을 살았던 두 프로메테우스의 고통에 마음이 무겁습니다. 그리고 감옥에서 고문받고 생체실험까지 당하며 생을 마감한 수많은 조선인과 하늘에서 떨어진 폭탄에 가족, 친구 그 모두와 함께 불타 버린 히로시마, 나가사키의 무수한 일본인을 떠올립니다. 그 모두의 괴롭지 않은 영면을 빕니다.

3.
대홍수와 DNA

◆ 데우칼리온과 퓌라

대홍수에서 살아남은 노아의 방주 이야기를 모르는 이는 드뭅니다. 그런데 이와 비슷한 이야기가 전 세계에 널리 퍼져 전해진다는 걸 모르는 이는 드물지 않습니다. 길가메시 서사시의 우트나피쉬팀 이야기, 우리나라에는 목도령 설화에는 대홍수로 인간이 거의 전멸한 상황에서 살아남은 인물의 서사가 펼쳐집니다. 그리스 신화에도 있을까요? 물론입니다. 데우칼리온과 퓌라의 이야기를 들어 봅시다.

제우스는 솟구치는 화를 억누를 수 없었다. 인간이 저지르는 악행이 도를 넘었다고 생각했다. 탐욕스럽고 폭력과 배신을 일삼았으며 신을 업신여기곤 했다. 제우스는 현재의 인류를 절멸시키고 새로운 인류에 세 땅을 밀 기 기로 결심아였다. 솜씨 좋은 퀴클롭스가 벼린 벼락을 들어 올렸다. 세상 방방곡곡을 불태워 정화하려 했다. 그러나 잠시 망설이다가 벼락을 내려놓았다.

'불기둥이 천상까지 올라오면 이 올림포스 궁도 불에 타 버리겠지. 하늘 가득 비를 쏟아, 물로써 인류를 쓸어버려야겠군.'

　제우스는 바람의 신과 폭풍의 신에게 명하여 천상의 물을 다 쏟아붓게 했다. 바다의 신, 포세이돈이 도왔다. 포세이돈은 바람과 비를 부르고 파도를 일으키는 무기인 삼지창으로 대지를 때렸다. 대지가 요동하는 진동에 엄청난 물결이 일어 세상을 쓸어버렸다. 집과 논밭과 들이 물속에 잠겨 도처가 바다가 되어 해변이라 할 만한 것조차 없어졌다. 인류의 대부분은 물에 빠져 죽었다. 오직 두 사람만 살아남았다. 데우칼리온과 퓌라 부부였다. 부부는 파르나소스산 꼭대기에 배를 정박했는데, 이 산은 아주 높아 꼭대기는 물에 잠기지 않았다.

　제우스는 이 둘은 지은 죄가 없고 진심으로 신을 섬겨 왔음을 알고 있었다. 제우스는 바람과 강과 바다가 제자리로 돌아가도록 했다. 세상은 평온한 모습을 되찾았으나 땅은 황폐하고 적막했다.

　"내 아내이자 내 사촌이며 이 세상에 하나밖에 남지 않은 퓌라여! 이 넓은 땅, 해 뜨는 데서부터 해 지는 데까지 살아 있는 인간은 우리 둘뿐이다. 나머지는 바다가 앗아 갔다. 바다가 그대마저 앗아 갔다면 나는 그대 뒤를 따라 바다가 나까지 앗아 가게 했으리라. 나에게 아비 되는 재주가 남아 있어서 자손을 퍼뜨리고 새 나라를 일으킬 수 있다면 좀 좋겠는가? 내게

　　　　　　　　신화를 길어다 과학을 지었다

아버지처럼 흙을 이겨 사람의 형상을 만들고 거기에 숨결을
불어넣는 재주가 있었다면……."

두 사람은 서로를 부여안고 울었다. 부부는 테미스 여신의
신전에서 기도하여 신의 뜻을 듣기로 했다.

"신심 있는 자들이 기도를 올립니다. 일러 주소서 테미스
여신이시여, 어찌하면 인류가 멸절한 이 땅의 재난을 수습할
수 있을는지요. 자비로우신 여신이시여 저희를 도와주소서."

여신은 이들을 가엾게 여겨 속삭이는 소리에다 뜻을 맡겼다.

"내 신전에서 나가서 옷으로 얼굴을 가리고, 커다란 어머니
의 뼈를 어깨 너머로 던지거라."
데우칼리온과 퓌라는 망연자실 굳은 채로 섰다. 퓌라가 떨
리는 목소리로 침묵을 깼다.
"여신의 뜻을 차마 따를 수 없습니다. 어떻게 제 어머니의
시신을 함부로 해할 수 있겠습니까? 용서해 주십시오."

데우칼리온이 퓌라를 달랬다.

"신이 그릇된 일을 시킬 리가 없소. '커다란 어머니'는 만물의 어머니인 가이아, 즉 대지를 말하는 것일 테요. 그러면 어머니의 뼈는 대지에 있는 돌일 테니, 여신께서는 어깨 너머로 돌을 던지라고 하신 것이 틀림없소."

두 사람이 얼굴을 가리고 돌을 어깨 너머로 던지자 잠시 후 돌은 말랑말랑해진 후 커지면서 인간의 모습을 닮아 갔다. 돌의 딱딱한 부분은 뼈가 되고, 눅눅한 흙이 묻은 부분은 살이 되었다. 돌의 결은 혈관이 되었다. 데우칼리온이 던진 돌은 남자가, 퓌라가 던진 돌은 여자가 되었다.

데우칼리온과 퓌라

     신화를 길어다 과학을 지었다

데우칼리온은 '내게 아버지처럼 흙을 이겨 사람의 형상을 만들고 거기에 숨결을 불어넣는 재주가 있었다면…….'이라고 말합니다. 데우칼리온의 아버지가 흙으로 인간을 만들었다는 말이에요. 그럼 아버지가 누구일까요? 네, 바로 2장에서 언급한 프로메테우스입니다. 흙으로 인간을 창조한 아버지의 아들이, 돌로 인간을 다시 만들어 내니 이야말로 부전자전입니다. 그런데 데우칼리온은 아내 퓌라에게 '내 아내이자 내 사촌이며'라고 말합니다. 그러면 퓌라는? 바로 에피메테우스의 딸이에요. 즉 데우칼리온은 아버지의 동생의 딸, 즉 사촌과 결혼했어요.

제우스는 불을 훔쳐서 인간에게 준 프로메테우스가 괘씸하고, 프로메테우스가 창조한 인간노 마음에 들지 않아서 득이한 벌을 기획합니다. 그때까지 인간 세상엔 남자만 있었고 여자는 없었어요. (그때는 모두가 모태솔로였어요. 공평했네요!) 기독교와 비교하면 아담만 있는, 아직 이브가 탄생하기 전과 같은 상황입니다. 제우스는 대장장이의 신 헤파이스토스를 시켜 여자를 만들게 해요. 이렇게 최초의 여자 판도라가 탄생합니다. 마지막에 희망만 남았다는 '판도라의 상자' 이야기의 그 판도라가 맞습니다. 인간 창조에 일관성이 있으려면 남자를 만든 프로메테우스가 여자를 창조하도록 해야 하겠건만, 프로메테우스 몰래 인간을 벌주려 한 일이라 헤파이스토스에게 맡긴 걸로 볼 수 있겠습니다.

데우칼리온과 퓌라의 부모

제우스는 판도라를 에피메테우스에게 보냈고, 에피메테우스와 판도라는 혼인합니다. 둘 사이에서 태어난 딸이 퓌라입니다. 그래서 프로메테우스의 아들 데우칼리온의 사촌이지요. 인류에게 형벌을 내리기 위해 제우스가 판도라를 탄생시켰는데, 그 판도라의 딸이 인류 멸종을 구원하게 되니 아이러니합니다. 프로메테우스는 제우스가 대홍수로 세계를 멸망시키려 한다는 사실을 알고 아들에게 큰 배를 만들어 도망치라고 일러 줍니다. 프로메테우스가 괜히 미리 아는 자로 불리는 게 아니었어요. 데우칼리온과 퓌라는 방주를 만들어 대홍수에서 무사할 수 있었습니다. 인간을 창조하고 동물을 번성시킨 부모 신의 숙명을 이어받

　　　　　　　　　신화를 길어다 과학을 지었다

은 것인지 사촌이자 부부인 두 남녀는 인류 절멸의 위기에서 살아남아 인류를 다시 번성시킵니다. 신탁을 지혜롭게 해석해 돌로 인간을 만드는 데 성공하지요.

◆ 생명이란 무엇인가

데우칼리온과 퓌라가 던진 돌에는 수분과 석탄이 많이 포함돼 있는 걸까요? 왜냐하면 우리 몸은 수소, 산소, 탄소가 주된 재료이기 때문이에요. 그러나 우리는 수소와 산소로 만든 물과 다르죠. 수소와 탄소로 만들 수 있는 플라스틱도 아니고요. 탄소로 이루어진 석탄도 당연히 아니고요. 수소, 산소, 탄소를 인간의 비율만큼 마련한 후 무수히 섞더라도 인간이 만들어질 가능성은 없습니다. 우리가 생명이기 때문입니다.

생명이란 무엇일까요? 생명 아닌 것과 무엇이 다를까요? "생명이 뭐야?"라는 물음에 답하기는 쉬울 것 같지만, 의외로 생물학자를 무척 애먹인 질문입니다. 많은 생물학자들이 대부분 동의하는 생명의 정의는 다음과 같습니다. 첫째, 생명체는 자연선택을 통해 진화하는 존재입니다. 둘째, 생명체는 경계를 지닌 물리적 실체입니다. 즉 세포 구조를 지녔어요. 셋째, 생명체는 대사 작용을 합니다. 생명체와 환경 사이나 생명체 내에서 물질이나 에너지를 교환하는 화학 반응이 있다는 말입니다.

이 셋을 다 만족시키는 존재가 생명체라 할 수 있습니다. 바이러스는 자연선택을 통해 진화하지만 세포 구조가 아니고 스스로 대사 작용을 하지 못합니다. 그래서 이 정의에 따르면 바이러스는 생물이 아니에요.

◆ 이 얼마나 아름다운가, 이중나선

당연히 우리 인간만 생물인 것은 아닙니다. 주변의 동물, 식물, 세균도 다 생물이죠. 이들도 모두 생명의 특징을 공유합니다. 지구에 있는 모든 생물은 같은 형식의 자기복제자를 소유하고 있습니다. '디옥시리보핵산'이라는 본래 이름보다 줄임말로 유명한 DNA가 그것이에요. 동물은 물론이고 식물도, 세균도 DNA를 가지고 있지요.

DNA는 세포의 핵 속에서 아무런 움직임이 없이 덩그러니 있어요. 그래서 DNA가 발견되었을 때, 이것이 유전정보를 간직하

 신화를 길어다 과학을 지었다

여 다음 세대로 전해 줄 거라 예상한 이는 드물어 연구하는 이가 적었어요. 영국의 캐번디시 연구소에서 만난 왓슨과 크릭은 '드문' 쪽에 속했어요. 의기투합한 그들은 1953년 DNA가 이중나선 구조임을 밝혀냅니다. DNA는 꼬아진 사다리 모양의 긴 끈이었던 거예요. DNA의 사다리 발판같이 생긴 것을 염기라 합니다. 염기는 아데닌(A), 티민(T), 시토신(C), 구아닌(G)이라는 이름의 4종류가 있습니다. A는 T와만 결합하고, C는 G와만 결합하여 사다리의 계단을 만들어 냅니다.

그러므로 한쪽에 A가 있으면 다른 쪽에는 T가, 한쪽에 G가 있으면 다른 쪽에는 C가 옴을 예견할 수 있습니다. 그러므로 사다리의 반이 있으면 그것을 형틀로 삼아, 다른 반쪽을 만들어 낼 수 있어요. DNA가 정보를 훼손하지 않고 복제할 수 있는 메커니즘을 담은 모양인 거죠. 사다리의 양 뼈대는 소중한 중요한 정보를 담고 있는 염기를 지키는 구조물입니다. DNA의 이중나선 구조는 기능을 내포한 형태였던 겁니다. 이 얼마나 아름다운 모습인가요!

DNA는 단백질 정보를 암호화하고 있습니다. 단백질을 만들어 내는 조리법 같은 역할을 합니다. 아이러니하게도 인간 DNA의 약 97%는 단백질을 만드는 데 아무런 관여를 하지 않습니다.

이렇게 번역되지 않는 DNA를 제외한, 단백질을 만드는 암호를 가진 DNA의 조각을 유전자라고 합니다. 유전자가 가지고 있는 염기 A, T, C, G는 DNA보다 자유롭게 이동하는 RNA의 도움을 받아 아미노산을 만듭니다. 아미노산은 단백질을 구성하는 기본적인 성분입니다.

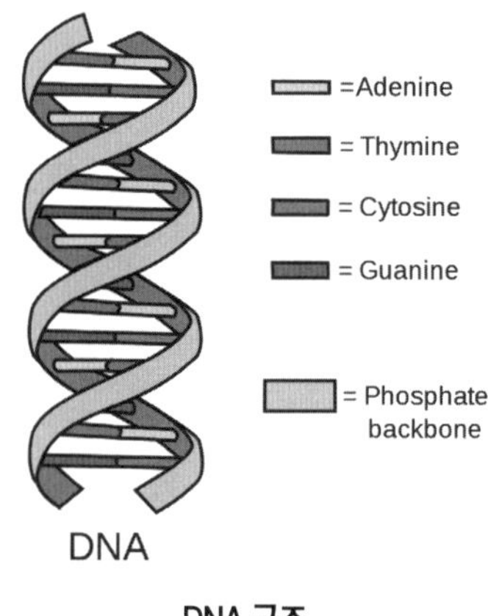

DNA 구조

유전자의 문자 세 개가 하나의 아미노산으로 번역됩니다. 그 아미노산이 입체적인 다양한 모양으로 꼬이면서 결합하면 단백질이 됩니다. 인간이 가진 세포는 약 30조 개나 돼요. DNA는 이렇게나 많은 세포 하나하나에 다 있어요. 즉, 각 세포는 분열하여 몸을 두 배로 불리거나 단백질 효소를 만들 수 있는 정보를

 신화를 길어다 과학을 지었다

DNA에 간직하고 있는 상태입니다. 생명은 DNA를 정밀하게 복제하여 종의 속성을 유지합니다. 부모의 DNA를 이어받아 우리는 생명체이고 유인원이며 사람의 아이가 됩니다.

◆ LUCA의 자손들

저의 부모는 두 분, 조부모는 네 분, 증조부모는 여덟 분입니다. 윗대로 오를수록 저의 뿌리에 관여하는 조상님이 많아집니다. 이렇게 25세대를 거슬러 오르면 저의 대할아버지와 대할머니 숫자는 3천 3백만 명이나 됩니다. 조선 시대의 인구보다도 많습니다. 그렇기에 오늘 길을 걷다 스친 타인도 뿌리를 따지고 보면 우리의 먼 친척인 셈입니다. 계속 거슬러 오르다 보면 저와 이순신 상군의 공통 소상까지노 만날 수 있쇼. 데우갈리온과 퓌라의 돌인간이 나타날지도 모릅니다. 더 오르면 인류 최초의 조상이 있겠습니다.

다윈은 자연선택에 의해 하나의 생물종에 변화가 축적되면서 본래의 종과 교배할 수 없는 새로운 종이 나타난다고 생각했습니다. 나뭇가지가 여러 갈래로 뻗어 가는 것처럼 하나에서 여럿으로 종의 분화가 일어난다는 말이에요. 생물의 나무 모형이라고 합니다. 현존하는 생물종은 나무의 가지 끝에 위치하고 있습니다. 가지 끝에서부터 거슬러 오르면 다른 가지와 만나 굵은 가지에 도달합니다. 두 종의 공통조상입니다. 더 오르면 더 오랜 공통조상을 만납니다. 그런데 공통조상과 후손 관계인지 어떻게 알까요? DNA의 유사성 정도가 하나의 증거가 됩니다. DNA는 자신의 사본을 복제하여 후대로 이어지는데, 같은 생물종은 다른 생물종보다 유사하고, 가까운 계통일수록 유사성이 크기 때문입니다.

DNA는 인간만의 소유물은 아니라 지구 생명의 공통적인 존재 형식입니다. 오늘날의 생물뿐만 아니라 과거 화석에서 발견된 생물 또한 그렇습니다. 몇 백만 종이나 되는 생물종이 그러합니다. DNA로 생물 계통을 분류할 수 있는 이유예요. 이는 놀라운 일입니다.

지구상에 수없이 많은 생물종이 있는데, 왜 유전적 특질을 전승할 때 단 하나의 형식만을 사용하는 걸까요? 외계인이 존재한다면 아마도 DNA 형식이 아닌 다른 유전체계를 가지고 있을 겁니다. 이 사실은 어떤 의미를 내포하고 있을까요?

 신화를 길어다 과학을 지었다

38억 년 전쯤 지구에 최초의 생명이 태어납니다. 이 시기에 어쩌면 DNA가 아닌 자기 복제 형식을 가진 생명체가 있었을지도 모릅니다. 그러나 지금은 그들의 흔적을 찾을 수 없어요. 흔적을 전혀 찾을 수 없다는 점에서 아주 이른 시기에 그들이 사라졌으리라고 추정됩니다. 오늘날 DNA를 자기복제자로 삼은 생물의 후손만 지구에 남게 되었습니다. 그 최초의 생명체를 현재 지구에 살아 있는 모든 생물의 마지막 공통 조상으로 상정할 수 있습니다. 이름까지 붙였어요. LUCA(Last Universal Common Ancestor)입니다. 현존하는 생물은 모두 루카의 후손입니다. 즉 세계 여러 나라의 다른 모습의 인간도, 우리 주변의 다양한 생물도 모두 루카를 뿌리로 두기에 모두 우리의 친척입니다. 그렇게 생각하니 따뜻한 마음이 스밉니다.

◆ 더 오래된 기록 DNA

2023년 10월에 시작된 이스라엘과 팔레스타인의 전쟁이 2년이나 이어졌고, 휴전은 했지만 아직도 여전히 분쟁 중입니다. 양측의 사상자가 20만 명에 이릅니다. 팔레스타인 저항 조직 하마스의 급습으로 딸을 잃은 이스라엘 부모의 비통에 잠긴 모습, 이스라엘의 보복 포격에 무너진 건물의 잔해에서 피 흘리는 어린 자식을 안고 오열하는 팔레스타인 부모의 모습은 멀리 있는 우리들의 마음도 아프게 합니다. 이 무슨 비극인가요? 신을 숭배하는 두 나라가 바라는 신의 은총이 내리는 사회가 진정 이런 모습이란 말인가요?

두 나라는 영토 문제로 인한 전쟁으로 불구대천의 원수가 되었습니다. 두 나라의 다른 종교도 반목의 배경입니다. 두 종교는 서로를 원수처럼 바라봅니다. 그다지 큰 차이가 있어 보이지 않는 몇 천 년 전의 기록을 바탕으로 상대를 이교도로 치부하며, 자신이 옳고 상대는 틀렸다고 주장하죠. 상대를 제거하는 것이 본인이 믿는 신의 뜻이라고도 생각합니다. 본인과 그들은 완연히 다른 존재라 여겨요. 주장의 근거는 절대적 진리로 치부되는 삼천 년 전의 기록입니다. 그러나 그 기록은 두 종교가 아브라함으로부터 유래한 한 뿌리의 종교라는 사실도 말합니다. 그것만으로도 서로를 증오하고 몰아내야 할 이유가 없다는 사실이 분명히 드러납니다.

그리고 정말 오래된 기록의 내용이 중요하여 그것을 진리로 삼는다면, 왜 훨씬 더 오래된 기록을 근거로 삼을 생각은 하지 않을까요?

 신화를 길어다 과학을 지었다

삼천 년은 너무도 짧다고 느끼게 만들어 버릴 400만 년도 있는데 말입니다. 400만 년 전 인류는 아프리카 대륙에 살았고 이후 전 세계로 이주한 것으로 추정됩니다. 이스라엘이든 팔레스타인이든 아프리카 대륙의 우리 조상 유인원인 오스트랄로피테쿠스, 조상 인류인 호모 사피엔스의 피를 물려받았다는 점에서 한 형제입니다. DNA는 두 국민이 형제임을 증명하는 기록이 됩니다. 이스라엘인과 팔레스타인은 너무도 닮은 DNA를 가지고 있기 때문이에요. 그리고 400만 년보다 더 오래된 기록도 있습니다.

팔레스타인, 이스라엘 시민 모두는 별에서 잉태된 별의 자손이며, 38억 년쯤 전의 루카의 후손입니다. 지구 행성에서 크로노스의 낫에 베이지 않은 채 현재의 시간을 함께 사는 유일한 인류입니다. 무엇 때문에, 무엇을 위해서 서로를 증오하고 서로를 죽여야 하는가요? 왜 그들은 '유서 깊은' 확연한 증거에는 눈길을 주지 않는가요?

많은 사람이 과학적으로 사고할 때 현재 일어나고 있는 비극이 줄어들 수 있습니다. 두 나라의 시민이 이를 깨달아 서로 피흘리고 애통해하는 절망적 상황이 더 이어지지 않기를, 평화가 깃들기를 기원합니다.

약 5,000만 년 전 인류의 선조는 안경원숭이를 닮은 모습이었습니다. 5억 년 전 인류의 조상은 원시 어류 같은 모습이었습니다. 50억 년 전에는 지구가 없었으니, 인류의 조상은 물론, 지구 생명체 자체가 없었습니다. 그럼 지구와 우리는 어디에서 왔을까요? 지금까지 쓴 1~3장은 그것을 차근차근 알아보는 시간이었습니다.

약 138억 년 전의 빅뱅으로 시공간과 물질이 생겨났습니다. 그 후 우리는 시공간의 좌표를 점유하며 살아가는 존재가 되었습니다. 일생 동안 시공간 좌표를 이동하면서 다른 존재와의 만남과 헤어짐을 반복하지요.

빅뱅이 일어났을 때 우주에는 수소, 헬륨 이외의 무거운 원소는 거의 없었습니다. 무거운 원소는 별이 탄생하고 소멸하는 과정에서 축적되었습니다. 그래서 지구와 같은 행성이 만들어지는 데도, 경이로운 자기복제자인 생명이 탄생하는 데도, 오랜 시간이 흘러야만 했지요. 그렇게 별의 뱃속에서 품어졌다가 별의 죽음과 함께 우주의 먼지가 된 물질이 지구의 몸체가 되었고, 또한 동·식물의 뼈대를 이루었으며, 인간의 살을 형성했습니다. 지구 생명은 DNA 복제시스템을 이용하여 유전하면서, 놀랍도록 다양하고 경이로운 모습으로 지구 행성에 안착했습니다. 현생 인류는 가장 번성한 생물종 중 하나라는 생태적 지위를 얻었고요.

그리고 인간의 몸은 다른 많은 유기체가 그런 것처럼 탄소 원소를 기반으로 삼고 있습니다. 자연에는 원소가 90여 개나 존재하는데, 생명은 왜 다른 원소가 아닌 탄소를 택했을까요?

4.

그의 탄소가 내 심장에서 뛴다

파에톤은 자기 이름이 좋았다. '파에톤', 어머니가 '빛나는 자'라는 뜻이라고 알려 주었다. 그런데 어느 날부터 친구들이 놀렸다.

"네가 태양신의 아들이라도 되냐? '빛나는 자'라니 웃기네. 거짓말쟁이 아냐?"

파에톤은 자기 이름이 싫어졌다.
'그냥 눈에 띄지 않는 이름이었으면 좋았을걸…. 그럼 거짓말쟁이 취급받지는 않았을 텐데….'

그런데 어머니는 정말 아버지가 태양의 신이라 하였다.

"너는 네가 우러러보고 있는 태양, 온 세상을 밝히는 태양의 아들이다. 만일에 내 말이 거짓이면 그분이 내 눈을 앗아 가실 것이다. 그러니 네 아버지를 찾아가거라. 네가 네 아버지 처소로 가는 일은 어렵지도 않고, 그리 멀지도 않다. 그분이 솟아오르시는 곳, 그곳이 네 아버지이신 그분이 계시는 곳이다."

아침이면 태양신의 황금빛 마차가 솟는다. 어머니 말이 맞다면 내가 살아오는 동안 아버지는 매일 아침마다 내 앞길을 비추셨던 게다. 아버지를 직접 뵙고 싶었다. 파에톤은 길을 떠났다. 태양이 솟아오르는 곳으로 향했다. 정말 저 태양의 신 헬리오스가 자신의 아버지인지 확인하고 싶었다. 이 세상에 자기를 태어나게 한 아버지가 보고 싶었다.

"내 아들 파에톤아. 왜 여기에 왔느냐? 내 성채에서 무엇을 얻기를 바라느냐? 내가 너를 내 아들이라고 부른다. 너는 내 아들이다. 아비가 자식을 알아보지 못할 리 있겠느냐?"

태양신의 궁전에 도착했을 때 헬리오스는 이처럼 파에톤을 반겼다.

"이 넓은 우주에 고루 빛을 나누어 주시는 태양신이여, 아버지시여, 제 어머니 클리메네가 꾸민 일이 아니라면 징표를 보여 주십시오. 제가 아버지의 아들이 분명하다는 증거를 보이시어 제 마음에서 의혹의 안개가 걷히게 하소서."

"너에게는 그럴 권리가 있다. 네가 내 아들이 아닐 리가 있겠느냐? 네 어머니 클리메네가 한 말이 맞느니라. 의혹의 안개를 걷고 싶거든 내게 네 소원을 하나 말하여라. 내가 이루

  신화를 길어다 과학을 지었다

어지게 하겠다. 신들이 기대어 맹세하는 강, 아직 내 눈으로는 보지 못한 저승을 흐르는 스틱스강이 내 약속을 보증하리라.”

“아버지의 태양 마차를 단 하루만 빌려주십시오. 날개 달린 말을 몰아 마차를 끌어 보고 싶습니다.”

헬리오스는 가슴이 찔리는 듯한 아픔을 느꼈다. 스틱스강에 맹세한 것이 후회되었다. 세 번이나 머리를 가로저었다.

“네 말을 듣고 보니 내가 경솔하게 말했음을 알겠다. 이것만은 내가 이루어 줄 수 없는 소원이구나. 바라노니 네가 취소하여라. 네가 말하는 소원은 더할 나위 없이 위험하단다. 저 무서운 벼락을 던지는 전능한 올림포스의 지배자 제우스도 이 수레만은 몰지 못한단다.”

아들이 생명까지 잃을 수 있는 일이었다. 헬리오스는 파에톤이 소원을 물리길 바랐으나 파에톤은 간곡한 충고에도 전혀 아랑곳하지 않았다.

“할 수 없구나. 내 이미 스틱스강에 맹세했으니, 내가 무슨 수로 이 약속을 번복하겠느냐? 네가 조금만 더 현명했다면 얼마나 좋았겠느냐."

　헬리오스는 침통한 표정으로 아들의 얼굴에다 불길에 그을리는 것을 예방하는 약을 발라 잘 문질러 주었다. 아들의 머리에는 빛의 관을 씌워 주었다. 자주 한숨을 내쉬었다. 오래지 않아 자식에게 닥칠 재앙과 이로 인한 자신의 슬픔을 예견했으나 말릴 수 없어 신음 같은 한숨이 새어 나왔다.

　태양 수레를 끄는 네 마리의 날개 달린 천마는 파에톤을 태우고 날아오르기 시작했다. 그런데 네 천마는 수레가 엄청나게 가벼워졌음을 느꼈다. 헬리오스가 타지 않은 수레는 빈 것 같았다. 제약이 사라진 천마는 익히 알던 궤도를 이탈하여 제멋대로 날뛰었다. 아주 높은 하늘로 솟기도 하고, 대지에 바짝 붙어 날기도 했다. 파에톤은 손쓰려 했으나 어림없었다. 천마의 고삐마저 놓쳐 천마가 끄는 대로 망연히 끌려가고만 있을 뿐이었다. 파에톤은 그제야 크게 후회했으나 돌이킬 수가 없었다.

　대지가 여기저기 터지고 갈라졌다. 푸른 풀밭은 잿빛 벌판으로 변하고 강은 말라 버렸다. 나무, 풀은 순식간에 재로 변했다. 벽이 무너지고, 마을이 잿더미로 변하기도 했다. 세상은 불

　　　　　　　신화를 길어다 과학을 지었다

바다가 되었다. 리비아가 사막이 된 것도 이때였고, 에티오피
아 사람들 피부가 새까맣게 된 것도 이때부터였다고 전해진다.

제우스는 자기가 직접 손을 쓰지 않으면 천지만물이 비참한
지경이 될 거라 여겼다. 그는 벼락을 하나 집어, 오른쪽 귀 위
까지 들어 올렸다가 태양 수레의 마부석을 향해 힘껏 던졌다.
파에톤은 자신이 불덩어리가 됨으로써 우주의 불길을 잡았다.

파에톤은 불길에 휩싸인 채 연기로 된 긴 꼬리를 끌면서 거
꾸로 떨어졌다. 하나의 유성 같았다. 에리다노스강이 벼락에
불탄 파에톤의 시신을 받아 주었다. 강의 요정이 시신을 수습
하여 묻고 비석에 비문을 새겼다.

'아버지의 수레를 몰던 파에톤, 여기에 잠들다. 힘이야 모자
랐으나 그 뜻만은 가상하지 아니한가.'

헬리오스는 일식처럼 슬픔에 잠겼다. 빛을 싫어하고 자기
자신을 싫어했으며 화창한 날을 싫어했다. 그는 더 이상 태양
수레를 타지 않았다. 세상은 빛을 잃었다. 신들이 세상을 어둠
속에 버려두지 말아 달라고 탄원했다. 제우스도 자신의 행동
을 사과하고 태양 수레를 몰아 달라며 부탁했다.

'사과로 무엇이 달라진단 말인가. 빛이 생긴다고 무엇이 달라진단 말인가. 사랑하는 내 아들 파에톤이 살아 돌아올 수 있단 말인가.'

아들을 처음 보았을 때 신이 아닌데도 그에게서 빛이 번지는 것을 보았다. 검게 탄 아들의 시신을 보았을 때 헬리오스는 삶의 빛을 잃었다. 세상이 검게 보였고, 심장은 비어 버린 듯했다. 비어 버린 심장에 아들이 들어찼다. 그래도 세상을 계속 어둠에 둘 수는 없었다. 빛을 싫어하는, 빛을 잃어버린 태양의 신 헬리오스는 세상에 빛을 비추기 위해 다시 태양이 된다. 가장 어두운 자가 가장 밝은 빛으로 세상을 밝히는 신이 되었다.

파에톤의 추락

    신화를 길어다 과학을 지었다

◆ 신화에서 온 테이아

빛을 싫어하게 된 빛의 신 헬리오스는 자식을 먼저 떠나보낸 세상 모든 부모를 상징하는 듯합니다. 그때의 헬리오스는 우리의 마음을 무겁게 합니다. 헬리오스는 가이아와 우라노스의 열두 티탄 중 히페리온과 테이아 사이의 아들입니다. 그래서 크로노스의 조카이자 제우스의 사촌이에요. 아폴론 이전의 1세대 태양신이고요. 새벽의 여신 에오스, 달의 여신 셀레네가 동생입니다. 달의 여신으로는 태양신 아폴론의 동생 아르테미스가 유명해요. 셀레네는 아르테미스 이전의 1세대 달의 신이에요. 헬리오스와 셀레네의 엄마가 테이아란 점이 재밌습니다.

달은 언제부터 지구와 함께 있었을까요? 달의 탄생 이유로 여러 사설이 있지만 현재는 거대충돌설이 가장 유력합니다. 이 학설은 지구 근처에 화성 크기의 행성이 있었다고 가정해요. 이 행성이 지구 형성 후 1억 년이 지나기 전 지구와 강하게 충돌하였고, 충돌의 충격으로 두 천체의 물질이 튀어 나간 후 뭉쳐서 달을 형성했다는 겁니다. 1969년 아폴로 달 탐사 때 달에서 가져온 암석의 화학 구성이 지구 암석과 매우 유사하다는 점이 강력한 증거입니다. 만약 달이 다른 곳에서 만들어진 후 지구 근처를 지나

다가 중력에 의해 포획되었다면, 달과 지구의 물질 구성이 크게 달랐을 테니까요. 과학자들은 달을 탄생시킨 그 가상의 천체에 테이아란 이름을 붙였습니다. 달의 여신 셀레스를 낳은 엄마가 테이아이니 참 잘 어울리는 이름입니다.

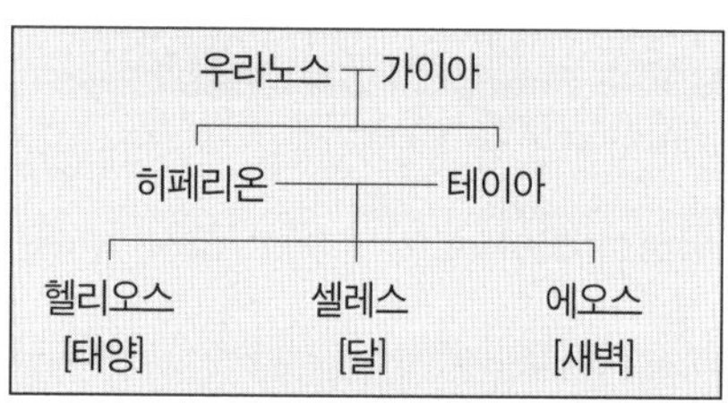

헬리오스의 가계도

원자번호 2번 헬륨은 헬리오스에서 딴 이름입니다. 1868년에 프랑스 천문학자 피에르 장센, 영국의 천문학자 노먼 로키어가 각각 일식 때 태양의 스펙트럼을 관찰하다가 새로운 원소를 발견했습니다. 태양에서 날아온 빛에서 발견한 원소라 노먼 로키어는 헬리오스에서 이름을 따와 헬륨으로 이름을 지었습니다.

파에톤의 엄마인 클리메네 또한 열두 티탄인 오케아노스와 테티스 사이의 딸이에요. 그러므로 파에톤은 인간이 아닌 신입니다. 그리스의 신은 불멸의 존재로 그려져 좀처럼 죽지 않는데,

   신화를 길어다 과학을 지었다

때로는 일관성 없게도 죽기도 해요. 파에톤이 최고 신인 제우스의 강력한 무기를 정통으로 맞았기 때문이라고도 볼 수 있겠습니다.

스틱스는 그리스 신화에서 지하 세계를 흐르는 대표적인 강입니다. 스틱스강을 걸고 하는 맹세는 가장 구속력이 강하여 불멸의 신조차 어길 수가 없습니다. 최고신 제우스조차도 어길 엄두를 못 낼 정도거든요. 그렇기에 헬리오스는 아들의 죽음을 예견하면서도 약속을 지킬 수밖에 없었습니다. 클리메네는 눈물로 가슴을 적시며 아들의 사지와 뼈라도 찾기 위해 온 세상을 떠돕니다. 그러던 중 아들의 시신이 먼 나라 강둑에 묻혀 있다는 사실을 듣고는 찾아갑니다. 아들의 이름이 새겨진 무덤의 비석을 발견하고는 끌어안고 오열했습니다.

헬리오스와 클리메네의 딸이자, 파에톤의 누이인 헬리아데스 자매들도 네 달 동안이나 동생의 무덤 위에서 파에톤의 이름을 부르며 밤낮으로 울었습니다. 그 후 헬리아데스 자매들은 일어서서 걸으려 하는데 발이 땅에서 떨어지지 않았어요. 발에 뿌리가 생기고, 머리에 잎이 돋아나며 팔이 나뭇가지가 되었어요. 포플러나무로 변해 버립니다. 그리고 나무껍질에서 눈물이 흘러

나왔어요. 눈물은 햇빛에 굳어 호박 구슬이 되었습니다. 강물은 떨어지는 호박 구슬을 물 밑에 간직했어요. 헬리아데스가 파에톤을 슬퍼하며 흘린 눈물의 결정이 호박 보석이 되었습니다. 실제 호박은 나무의 수액이 굳어 만들어진 것이니 그럴듯하게 들립니다.

◆ 생명의 중심에는 탄소가

파에톤이 탄 태양 마차가 지면에 근접해 날자 세상은 불바다가 됩니다. 불이 한창 탈 때는 붉은 세상인데, 다 타고 나면 검은 세상이 돼요. 들과 산은 검은 재가 되고 파에톤도 검은 시신으로 남습니다. 그런데 왜 불에 타면 시커멓게 변할까요? 생각해 보면 많은 게 그렇습니다. 불 조절을 잘못하여 삼겹살을 태우면 검은 덩어리가 됩니다. 빵이나 고구마도 오래 가열하면 검게 탑니다. 다 탄 나무는 새까맣게 변하지요. 무엇 때문일까요? 2장에서 언급했듯이 인간의 몸에는 탄소가 많은데, 다른 동물과 식물도 그렇습니다. DNA와 함께 지구 생명의 또 다른 공통점이죠. 지구의 생명체는 탄소를 기반으로 한 화합물로 몸체를 구성하고 있어요. 생명체가 불타면 다른 물질들은 연소되어 공기 중으로 흩

    신화를 길어다 과학을 지었다

어지고 탄소 덩어리만 남기 때문에 검습니다.

검정은 탄소의 기본색이에요. 탄소로만 이루어진 석탄과 흑연이 왜 검은 얼굴인지 이제 이해가 됩니다. 인간의 몸에 수소와 산소가 많은 것은 수분 때문입니다. 수분이 아닌 우리 몸의 뼈와 살을 이루는 데 토대가 되는 원소는 탄소예요. 다른 생명도 마찬가지입니다. 지구의 생명은 탄소를 기반으로 해요. 석탄과 석유도 탄소가 핵심 성분인데, 오래전 지구에 살던 동식물의 유해가 분해되지 않은 채 땅속에서 압축되었기 때문이에요. 차를 타거나 전기를 사용할 때 고생대의 우리 조상 동물들에게 고마워해야 한답니다.

그런데 왜 하필 탄소일까요? 다른 원소가 많고 많은데, 왜 탄소가 몸체의 중심 원소가 된 걸까요? 탄소는 남다른 능력이 있기 때문입니다. 원소 주기율표를 곰곰이 들여다보면 탄소의 힘을 이해할 수 있습니다.

◆ 원소 주기율표와 원자 호텔

원소 주기율표는 원소 왕국의 모습을 그려 낸 훌륭한 지도입니다. 원소 주기율표에는 1부터 118까지 원자번호가 있어요. 원자번호 1~92번은 자연 상태에서 존재하는 원소이고, 93번 이후는 인간이 합성한 원소입니다. 원자번호마다 하나의 원소가 배정돼 있어요. '수헬리베붕탄질산~'으로 원소 주기율표의 앞부분을 외우곤 하죠. 원소 첫 글자의 순서처럼 수소가 원자번호 1번, 헬륨이 2번, 탄소가 6번입니다. 이 원자번호는 원소가 가진 양성자의 숫자와 같아요.

원자는 원자핵과 전자로 이루어지며, 원자핵 안에는 양성자, 중성자가 있어요. 세포의 지름은 1미터인 사람의 10만분의 1 정도로 작습니다. 원자는 지름은 대략 이 세포 길이의 10만분의 1입니다. 원자핵의 크기는 이 원자 지름의 10만분의 1 정도밖에 안 됩니다. 그래서 대략 원자는 10^{-10}m, 원자핵은 10^{-15}m입니다. 10억분의 1m를 나노미터(nm)라 합니다. 원자는 0.1nm 정도 크기입니다. 원자의 크기를 축구경기장에 빗대 설명하곤 합니다. 원자가 축구경기장 크기라면 원자핵은 경기장 한가운데 놓인 구슬만 하다고 할 수 있습니다. 그리고 원자가 축구장만 하다면 사람은 지구보다 훨씬 큽니다. 원자와 원자핵이 상상하기 힘들 정도로 작음을 알 수 있습니다. 이 작은 원자핵을 가운데에 두고 넓은 공간을 양성자 수만큼의 작디작은 전자가 돌아다니고 있습

   신화를 길어다 과학을 지었다

니다. 즉 원자는 대부분 텅 빈 공간입니다.

중성의 원자는 양성자와 전자 수가 같습니다. 원자번호와 똑같은 양성자와 전자가 있는 거예요. 양성자, 전자 숫자가 하나씩 많아지는 원소들을 쭉 나열하여 한 장의 지도처럼 나타낸 표가 원소 주기율표입니다. 원소 주기율표의 원자번호가 커질 때 성질이 비슷한 원소가 주기적으로 나타납니다. 그래서 원소 주기율표라는 이름이 붙었습니다. 원자의 핵은 원자의 중앙에서 움직임 없이 있기에, 다른 물질이 접근할 때 반응을 보이는 것은 바깥의 전자입니다. 그래서 화학 반응은 전자들 간의 부대낌으로 일어납니다.

전자가 원자핵 주변을 도는 모습은 건물의 1, 2, 3층처럼 층이 있는 껍질을 도는 것과 유사합니다. 각 껍질에는 최대로 늘어갈 수 있는 전자 수가 정해져 있습니다. 첫 껍질은 2개, 두 번째 껍질은 8개, 세 번째도 8개입니다. 이를 원자의 호텔을 상상하여 이해에 도움을 받아 봅시다. 이 호텔은 1층은 객실이 하나, 2층과 3층은 객실이 네 개가 있습니다. 전자는 투숙객이며, 전자가 어느 객실에 투숙하느냐가 전자의 상태를 의미합니다. 안정된 원자는 낮은 층의 객실을 다 채워진 후 그다음 층에 전자가 들어갑니다. 하나의 객실에는 전자가 하나 또는 둘까지 들어갈 수는 있으나 셋 이상은 들어가지 못합니다. 아주 까다로운 호텔이라 하겠어요. 세 번째 전자는 다른 객실을 이용해야 합니다. 이는 파울리의 배타 원리가 적용된 모습입니다.

객실 하나에 2개의 전자가 들어갈 수 있으므로, 객실 숫자에 2를 곱하면 각 층에 들어갈 수 있는 최대 전자 수가 나와요. 그것이 2, 8, 8개입니다. 이처럼 이 원자 호텔의 모습은 괴상합니다. 원자 같은 극미의 세계는 우리의 상식과는 다른 법칙에 지배를 받기 때문입니다. 극미의 세계를 지배하는 물리 규칙에 붙인 이름이 바로 양자역학입니다.

이 원자 호텔의 객실에는 이름이 있습니다. 1층에는 s, 2층에는 s, p, 3층도 s, p 객실입니다. s 객실은 하나인데, p 객실은 3개입니다. 해당 층을 이름에 붙여 1층은 1s, 2층은 2s와 세 개의 2p, 3층은 3s와 세 개의 3p의 객실로 이루어져 있습니다. 이 원자 호텔은 위층일수록 에너지가 큽니다. 투숙객인 전자는 객실에만 머물 수 있지 1.5층, 2.5층에서 숙박할 수는 없습니다. 즉 전자는 연속된 에너지를 가지는 게 아니라 띄엄띄엄 차이가 나는 에너지를 가집니다.

　　　　　　　　　　신화를 길어다 과학을 지었다

1s에 있는 전자가 2s로 가기 위해서는 외부에서 추가적인 에너지를 공급해야 합니다. 그럼 3s의 전자가 1s로 이동하면 어떨까요? 올라갈 때 에너지를 공급했으니 내려올 때는 에너지를 내보냅니다. 빛의 형태로 에너지를 방출해요. 전자가 가장 낮은 에너지를 가진 상태를 '바닥 상태'라 합니다. 바닥 상태의 전자가 에너지를 받아 높은 층의 객실로 올라가 투숙하는 상태를 '들뜬 상태'라 합니다. 들뜬 상태는 안정적이지 않아서 곧 빛을 발산하며 바닥 상태가 됩니다. 바닥 상태가 더 안정적이기 때문이에요.

바닥 상태의 전자는 호텔의 가장 낮은 층부터 채워 갑니다. 1층은 1s 객실만 있으니 두 개의 전자만 들어갈 수 있습니다. 그럼 전자를 셋 가진 리튬의 세 번째 전자는 어디에 투숙해야 할까요? 2층의 2s 객실로 가면 됩니다. 수소와 헬륨은 호텔의 1층만 사용하는 데 비해 리튬은 2층까지 영역을 넓혔어요. 실제 리튬 원자도 수소보다 전자껍질이 하나 더 많기에 원자의 크기가 더 큽니다. 호텔에 투숙하는 층의 차이로 원자의 크기도 어느 정도 짐작할 수 있는 겁니다.

실제 원자에서 s와 p 객실은 원자핵을 중심으로 전자가 존재할 위치의 확률적 분포를 고려하여 붙인 이름입니다. 양자역학 이전에는 태양을 공전하는 지구처럼 원자핵을 중심으로 전자가 원

궤도로 회전한다고 생각하였습니다. 하지만 양자역학에서는 전자는 궤도 운동을 하지 않으며, 전자의 위치와 속도를 동시에 정확히 측정할 수 없다고 봅니다. 전자가 존재하는 확률로 전자의 상태를 짐작할 수 있을 뿐입니다. 원자핵 주변에 전자가 존재할 확률을 표현한 수학적 함수를 오비탈이라 합니다. s와 p는 그 모양을 보고 이름 붙인 오비탈의 종류예요. s는 구형, p는 아령 모양이에요. s, p만 말했지만 이 외에도 더 있어요. 원자 호텔 4층은 s 객실 1, p 객실 3, d 객실 5개가 있어요. 그래서 4층에는 전자 18개가 숙박할 수 있습니다. 원소 주기율표 4번째 줄을 보면 18개의 원소가 있는 것과 맞아떨어집니다. 즉, 이 원자 호텔은 원소 주기율표를 거꾸로 세워 놓은 것과 비슷한 모습입니다. 원자 호텔과 원소 주기율표의 기묘한 아름다움을 음미해 보아요.

◆ 네 개의 손을 가진 탄소

원자는 가장 바깥 껍질이 가득 차기를 욕망하는 듯한 모습을 보입니다. 그래서 가장 바깥쪽 껍질을 다 채우고 전자가 약간 남으면, 그 전자를 딴 데로 주려 합니다. 껍질을 가득 채우기에 전자가 약간 모자라면 다른 전자를 공유하거나 빼앗아서라도 마저

 신화를 길어다 과학을 지었다

채우려 해요. 그로 인해 화학 반응이 일어납니다.

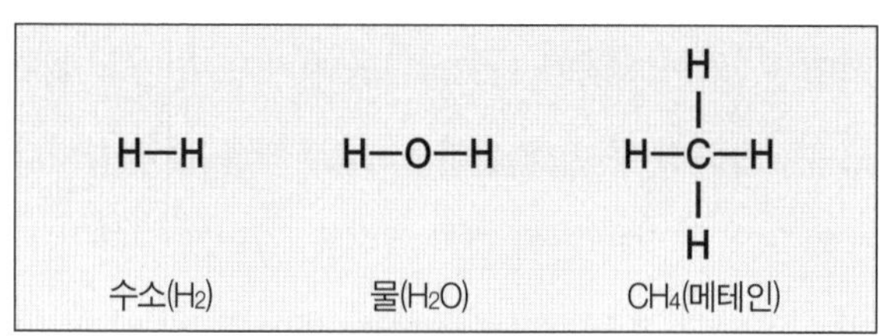

공유결합한 분자의 구조

원자번호 1번인 수소는 전자가 하나입니다. 수소 원자 둘이 만나 전자 하나씩을 서로 공유하면 첫 번째 껍질에 전자가 두 개가 된 듯한 안정적인 상태가 됩니다. 그래서 두 수소 분자가 전자를 공유하는 결합을 하여 수소 분자(H_2)가 됩니다. 한 손으로 악수한 듯한 수소 분자입니다. 산소는 원자번호 8번이라 두 번째 껍질을 다 채우려면 두 개의 전자가 더 필요합니다. 수소 원자 둘과 만나 전자를 하나씩 공유하여 두 번째 껍질 8개로 채워 H_2O가 됩니다. 우리가 잘 아는 물이에요. 산소 하나가 양팔을 이용해 두 수소와 각각 악수한 모양입니다. 수소는 다른 수소 하나와 악수할 수 있지만 산소는 둘과도 가능합니다. 산소는 잡을 수 있는 손이 두 개이기에 그렇습니다.

탄소는 어떨까요? CH_4는 메테인(메탄)입니다. 놀랍게도 탄소는 네 개의 수소와 손을 잡고 있습니다. 이게 어떻게 가능할까요? 탄소는 원자번호 6번이기에 첫 껍질에 두 개의 전자를 채우면, 두 번째 껍질엔 4개의 전자가 남고 4개의 전자가 빕니다. 4개의 전자와 공유결합하면 두 번째 껍질을 8개로 맞출 수 있습니다. 즉, 탄소는 악수할 수 있는 손이 넷인 것이죠. 그러므로 탄소는 다른 많은 원소와 쉽게 결합이 가능한 마법 같은 원소입니다. 탄소들끼리 결합한 후에도 손이 남기에 수많은 탄소를 결합시켜 생명체의 몸을 구성할 수 있습니다. 그렇기에 탄소가 지구 생물의 기반 원소가 되었어요. 우리는 탄소를 뼈대로 한 생명체입니다.

◆ 전태일, 그의 탄소가 내 심장에서 뛴다

1970년 11월 12일 아침, 전태일은 집을 나섰습니다. 다음 날 사용할 플래카드를 만들기 위해 친구 집에서 하루를 보낸다고 했습니다. 가족은 그날의 태일이 평소와 달라 의아하게 여겼어요. 평소 옷차림에 신경을 쓰지 않았으나, 그날따라 유난히 깨끗한 차림새를 갖추려 했습니다. 새벽에 일어나 정성스레 세수를 하고 방을 깨끗이 정돈하고 머리를 여러 번 빗었습니다. 작업복 바지도 새로 다리고 평소 입지 않던 헌 검정 바바리코트를 꺼내

   신화를 길어다 과학을 지었다

먼지를 깨끗이 털고 입었어요. 그렇게 차림새를 갖추면서도 낯빛은 몹시 침울해 보였습니다.

11월 13일, 그날은 옅은 잿빛 구름이 하늘을 덮은 날이었습니다. 500여 명의 노동자들이 거리 집회를 벌였으나 경찰의 진압에 밀리고 있었습니다. '우리는 기계가 아니다'라고 적힌 플래카드는 이미 형사에게 뺏겼고 몇은 심하게 얻어맞은 후 끌려갔습니다. 태일은 근로기준법 책을 가슴에 품고 길로 나섰습니다. 몇 걸음을 옮겼을 때 그의 옷 위로 불길이 확 치솟았습니다. 그는 사람들이 많이 있던 국민은행 앞길로 뛰쳐나갔습니다. "우리는 기계가 아니다. 일요일은 쉬게 하라!", "노동자들을 혹사하지 말라!" 태일은 이 몇 마디를 짐승의 소리처럼 외치다 쓰러졌습니다. 입술이 부르트고 눈꺼풀은 뒤집혔습니다. 온몸의 살이 터지며 숯처럼 시커멓게 타 버렸습니다.

병원으로 옮겨 응급치료를 했으나 소용이 없었습니다. 자신의 죽음을 헛되이 말라고 강조하던 그는 혼수상태에 빠졌다가 잠시 눈을 떠 힘없는 소리로 "배가 고프다⋯."라고 하였습니다. 12일 아침 집에서 라면 한 그릇 먹고 나간 후로 이틀 동안 아무것도 먹지 않고 굶었던 터였습니다. 그의 마지막 말이었습니다. 그의 나이 스물두 살이었습니다. 그의 유서는 이렇게 시작합니다. "사랑하는 친우여, 받아 읽어 주게. 친우여, 나를 아는 모든 나여. 나를 모르는 모든 나여. 부탁이 있네. 나를, 지금 이 순간의 나를 영원히 잊지 말아 주게."

파에톤이 그러했던 것처럼 탄소로 이루어진 전태일의 몸도 시커멓게 탔습니다. 열에 의해 탄소 외의 성분이 탄소와 결합을 끊고 탈출하면 생명체에 형언할 수 없는 고통을 줍니다. 극심한 고통 속에서 그는 숨을 거두었습니다. 죽음으로, 보고, 말하고, 울고 웃던 그의 몸은 모두 흩어졌습니다. 그러나 완전히 사라진 것은 아닙니다. 지금의 노동 현장이 그때보다 덜 가혹하고 더 인간적이라면 이 변화가 가능했던 데에는 그의 몫이 있습니다. 그의 죽음과 그의 죽음을 헛되이 하지 않으려는 이들이 맺은 결실입니다.

그리고 그의 몸을 이루었던 탄소 입자는 지금도 세상을 돌고 있습니다. 원자 하나는 상상하기 힘들 정도로 아주 작습니다. 물 한 컵 속에 있는 원자의 수가 태평양 물을 물컵에 담으려 할 때 필요한 컵 수보다 훨씬 더 많습니다. 그러므로 그의 몸을 이루었던 탄소가 고루 흩어지면 지구 어느 곳이든 조금은 있게 됩니다.

    신화를 길어다 과학을 지었다

어제 먹은 밥에도 들어 있고, 우리의 어깨 근육에도 자리 잡고 있습니다. 그의 탄소가 내 심장에서도 뛰고 있습니다. 그의 삶에 대한 기억으로, 그를 구성했던 입자의 존재로, 그가 여전히 우리와 함께 있음을 떠올립니다. 우리와 똑같이 탄소로 이루어진 그의 몸은 '나'입니다. 그의 유언대로, 그를 잊을 수가 없습니다.

II. 우리는 누구인가?

5.

미노타우로스,
황소 머리 인간이 태어났다

[미노타우로스 × 돌연변이]

"내가 미치지 않고서야 어떻게 소를 사랑할 수 있단 말인가?"

우리는 부모님과 참 많이 닮았습니다. 부자, 모녀가 붕어빵인 경우를 자주 봅니다. 외형뿐 아니라 성격이나 재능도 자식은 부모로부터 많이 물려받지요. 드라마 〈무빙〉에 등장하는 김봉석은 스스로 하늘을 날 수 있습니다. 그리고 초인적인 시력과 청력도 지녔어요. 아빠와 엄마의 능력을 물려받아 생긴 능력입니다. 아빠 김두식은 마음대로 날 수 있는, 엄마 이미연은 초월적인 감각 능력을 지닌 초능력자예요. 둘의 초능력은 아들 봉석에게로 유전되어 봉석은 초능력×초능력자가 되지요.

그런데 부모의 외형과 능력이 자식에게 유전된다면 날개 달린 말, 뿔 달린 치타, 코뿔소의 다리를 가진 악어도 태어날 수 있는 건 아닐까요? 그리스 신화의 등장인물 중 이와 같은 상상력을 자극하는 캐릭터가 많습니다. 케이론은 반은 인간이지만 반은 말의 몸을 하고 있습니다. 인간의 상체 아래에 말의 몸통과 다리가 붙어 있습니다. 뭔가 멋있을 것 같습니다. 케이론은 현명한 데다가 무술, 음악, 문학에 통달하여 그리스 신화의 많은 영웅을 제자로 기르기까지 합니다.

세이렌은 몸의 반은 여자, 반은 새인 바다의 요정입니다. 지중

해의 섬에서 감미로운 노래로 뱃사람들을 홀려 죽게 만드는 요
정 이야기는 많이 들어 보았죠? 그 요정이 바로 세이렌이에요.
본래는 몸의 반이 새인데, 후대로 갈수록 인어의 모습으로 그려
져요. 바다의 요정이라 인어가 연상되었기 때문이겠어요.

스타벅스의 세이렌 로고

스타벅스 로고의 여인이 세이렌인 걸 아셨나요? 스타벅스는
세이렌이 선원을 홀린 것처럼 세상 모든 이들이 커피를 마시게
하겠다는 포부를 담아 세이렌을 아이콘으로 삼았다고 해요. 엄
청난 야심입니다! 그리고 인간의 몸 위에 황소의 얼굴을 한 미노
타우로스도 있습니다. 케이론과 세이렌은 머리가 사람이라 그래
도 만나면 대화라도 시도해 볼 수 있을 것 같은데, 미노타우로스

          신화를 길어다 과학을 지었다

는 만나자마자 몸이 먼저 줄행랑을 치게 될 겁니다. 그래서인지 판타지 이야기에서 악마의 모습으로도 많이 등장합니다. 미노타우로스가 태어나기까지 복잡한 사연이 있습니다.

◆ 미노타우로스의 탄생

'내가 미쳐 버린 걸까? 내가 미치지 않고서야 어떻게 소를 사랑할 수 있단 말인가?'

파시파에는 자신의 내면에서 솟구치는 마음을 인정하기 힘들었다. 특별히 음란하지도 않았다. 그런데 포세이돈의 황소에게 반해 욕정을 느꼈다. 사람 아닌 황소에게 반하는 게 가능할까? 이렇게 된 데는 사연이 있었다.

크레타섬의 왕 미노스는 배다른 형제들과 왕위를 다투게 되었다. 미노스는 왕권 경쟁에서 우위를 차지하기 위해 바다의 신 포세이돈에게 빌었다.

"저의 아버지 제우스가 황소로 둔갑하여 어머니 에우로페를 업어 헤라 여신의 눈을 피할 때, 바다를 갈라 두 분을 숨겨

주신 바다의 지배자 포세이돈 신이시여, 크레타섬이 신들이
미노스에게 내린 땅이거든 신께서 징표를 내려 주소서. 파도
를 가르시고 황소 한 마리를 크레타섬으로 오르게 하소서. 이
미노스의 왕국이 서는 날 이 소를 잡아 포세이돈 신을 섬기는
제물로 삼겠습니다.”

포세이돈 신은 미노스의 기도를 어여쁘게 여겨 황소 한 마
리를 보내 주었고, 덕분에 미노스는 수월하게 왕위에 오를 수
있었다. 문제는 미노스가 약속을 지키지 않았다는 점이다. 왕
위에 오른 미노스는 황소를 제물로 바치지 않았다. 포세이돈
은 분개했다. 포세이돈의 분노는 미노스의 아내로 향했다. 미
노스의 아내 파시파에가 사람이 아닌 황소를 사랑하도록 만
들어 버렸다. 저주받은 파시파에는 황소에게 욕정을 느꼈다.
파시파에는 황소에게 가까이 다가가 만져 보려 했다. 당연히
황소가 인간에게 곁을 줄 리 없었다. 오직 암소에만 관심 가질
뿐이었다.

욕정의 불을 꺼야 했건만 포세이돈의 저주가 강력하여 파
시파에의 욕정은 걷잡을 수 없이 점점 더 불타올랐다.

참지 못한 파시파에는 선을 넘어 버린다. 뛰어난 장인인 다
이달로스에게 해결 방법을 찾게 한다. 다이달로스는 사람이

   신화를 길어다 과학을 지었다

들어갈 수 있는 나무 소를 만든 후 암소 가죽을 씌웠다. 바퀴를 달아서 움직일 수도 있었고, 황소가 올라타도 문제없을 만큼 참나무로 튼튼하게 만들었다. 파시파에는 나무 암소에 들어갔다. 황소는 나무 소를 암소라 생각하고 뜨거운 사랑을 나누기 시작한다. 드디어 파시파에는 원하던 바를 이룰 수 있었다. 그 후 파시파에는 배가 불러 왔다.

'아, 어찌 이럴 수가 있다는 말인가. 이 무슨 신의 참혹한 저주인가!'

파시파에는 사람의 몸에 황소의 머리를 한 아기를 낳았다. 그 모습 때문에 미노타우로스로 불렸다. 아기는 태어나자마자 거대해지더니 주변 사람을 마구 잡아먹었다. 그 모습을 본 파시파에는 놀라 의식을 잃었다.

◆ 개판 아닌 소판인 집안

잘못은 미노스가 했는데, 벌은 파시파에가 받았으니, 파시파에 입장에선 꽤 억울할 것 같지만 미노스에게도 강력한 처벌이라 할 수 있습니다. 미노타우로스의 황소 얼굴은 파시파에의 그

룻된 욕정과 행위를 계속 상기시킬 테니까요.

미노스 왕의 집안은 소와 인연이 깊습니다. 최고신 제우스는 페니키아의 공주 에우로페가 꽃을 따던 모습에 반합니다. '금사빠'의 원조 제우스다워요. 헤라의 눈을 피하고, 에우로페의 경계심을 누그러뜨리기 위해 제우스는 황소로 둔갑하여 접근해요. 에우로페는 늠름하면서도 부드러운 털을 가진 황소에게 다가가 쓰다듬고 올라타 보기도 해요. 그 순간을 놓치지 않고 제우스 황소는 에우로페를 업은 채로 들판을 달려, 바다를 가로질러 크레타섬까지 갑니다. 납치인데도 납치자가 신이라 그런지 에우로페도 제우스를 사랑하게 됩니다. 스톡홀름 증후군의 원조 같군요. 이 둘 사이에서 태어난 아들이 미노스예요.

참고로 에우로페(Europe)의 이름이 '유럽'의 기원입니다. 에우로페를 태운 제우스 황소가 돌아다닌 대륙이 유럽으로 불리게 됐어요. 에우로페는 이오의 고손녀입니다. 이오는 헤라의 눈을 피하기 위해 제우스가 암소를 변신시킨 요정이에요. 그러니 미노스는 황소 아빠와 암소가 되었던 요정의 후손인 엄마 사이에서 태어난 인간인 셈입니다. 위 이야기에서 보았듯이 미노스의 아내는 황소와 동침하여 반은 인간, 반은 소인 아들을 낳았으니, 이 집안은 정말 개판 아닌 소판입니다.

　　　　　　　　　　　신화를 길어다 과학을 지었다

미노타우로스

타우로스는 그리스어로 '소'라는 뜻이에요. 피로 회복 음료 박카스에 든 성분 '타우린'은 타우로스에서 온 말입니다. 타우린이 소의 쓸개에서 처음 발견되었거든요. 참고로 박카스는 신의 이름 그리스의 술의 신 디오니소스의 로마식 이름 바쿠스에서 따왔어요. 이렇게 그리스 로마 신화는 일상생활에 많이 녹아 있어요. 그리하여 미노타우로스라는 이름이 미노스의 소라는 뜻임을 알 수 있습니다. 미노스 입장에서는 기분 나쁠 만합니다. 아내가 황소와 바람피워 낳은 자식 이름에 자기 이름이 들어갔으니 얼마나 억울할까요?

미노스 왕은 미노타우로스의 존재를 감추고 싶었겠지요. 그래

서 다이달로스를 시켜서 아무도 탈출할 수 없는 미궁을 만들게
하여 미노타우로스를 가둬 둡니다. 조지 프레데릭 와츠의 그림
〈미노타우로스〉는 미궁에 갇힌 미노타우로스의 내면을 잘 표현
하였습니다. 작은 새를 손으로 지그시 누르며, 멍한 허공을 응시
하는 모습에서 깊은 슬픔이 묻어납니다. 미노스가 포세이돈 신
과의 약속을 어겼기에 포세이돈의 저주가 내렸으니, 포세이돈
의 복수 방식이 이상하긴 하지만 어쨌든 미노스가 원인을 제공
한 셈입니다. 그로 인해 미노타우로스는 사람을 잡아먹을 수밖
에 없는 몸으로 태어납니다. 소는 초식이니 설정이 조금 이상하
긴 하지만, 황소 대가리인 사람이라면 육식이 더 어울릴 것 같긴
합니다. 미노타우로스는 황소 머리의 사람을 잡아먹는 괴물이라
태어나자마자 부모로부터 버림받아 미궁에 격리됩니다. 어떻게
보면 미노타우로스는 미노스의 죄를 벌하기 위해 신의 도구로
사용된 피해자라 할 수 있지요. 와츠는 그런 저주받은 운명을 지
니고 태어난 미노타우로스의 심연을 잘 그려 낸 듯합니다.

◆ 다이달로스와 이카로스

아내의 불륜을 도왔으니 다이달로스를 중형으로 다스릴 법도

 신화를 길어다 과학을 지었다

한데, 탁월한 재능을 아껴서인지 미노스는 '라비린토스'라는 미궁의 제작을 맡기는 선에서 넘어갑니다. 그러나 이 미궁을 탈출하는 자가 있으면 다이달로스와 그 아들을 대신 미궁에 가두어버리겠다고 엄포를 놓습니다. 아내를 도운 다이달로스에 대한 분노가 완전히 가시지 않아서이겠지요. 그렇지만 다이달로스의 아들 입장에선 억울할 만하겠어요. 미노스는 본인이 신과의 약속을 지키지 않아 아내를 벌받게 하더니, 이번에는 아버지의 죄로 아들을 징벌하니 민폐를 많이 끼치는 인물이네요.

파시파에를 위해 나무 소를 제작한 다이달로스는 탁월한 발명왕이지만 아들의 유명세 때문에 본인 이름은 덜 알려졌습니다. 다이달로스는 깃털 날개를 제작하여 아들과 함께 하늘로 날아올라 미궁을 탈출했습니다. 그 아들 이름이 짐작되죠? 네, 날개로 유명한 이카로스가 바로 다이달로스의 아들입니다. 정작 날개는 다이달로스가 만들었지만 이카로스만 유명해졌어요. 다이달로스와 이카로스가 미궁에 갇히는 벌을 받았다는 것은 이 미궁을 무사히 탈출한 이가 있었다는 말입니다. 누구일까요?

헤라클레스와 함께 영웅으로 회자되는 테세우스가 미궁으로 들어가 식인 괴물인 미노타우로스를 처치했답니다. 그리고 미노스와 파시파에의 딸인 아리아드네의 도움을 받아 미궁을 무사히 탈출하지요.

아리아드네는 테세우스를 보자마자 반했습니다. 그래서 테세우스에게 실타래를 주어 미궁에 들어갈 때 실을 풀면서 들어가게 하여, 실을 잡고 다시 빠져나올 수 있도록 돕습니다. 그래서 '아리아드네의 실'이란 말이 생겼어요. 너무나 어려워 해결할 수 없는 일을 해결해 주는 방법이나 물건을 뜻합니다. 미궁에서 무사히 탈출한 테세우스는 아리아드네와 함께 도망칩니다. 따지고 보면 딸이 배신한 것이지만 미노스의 분노의 화살은 다이달로스로 향합니다. 그래서 다이달로스와 그 아들까지 가둬 버린 거죠. 이렇게 신화의 이야기가 꼬리에 꼬리를 물고 이어져요. 그리스 로마 신화가 재미있는 이유이죠.

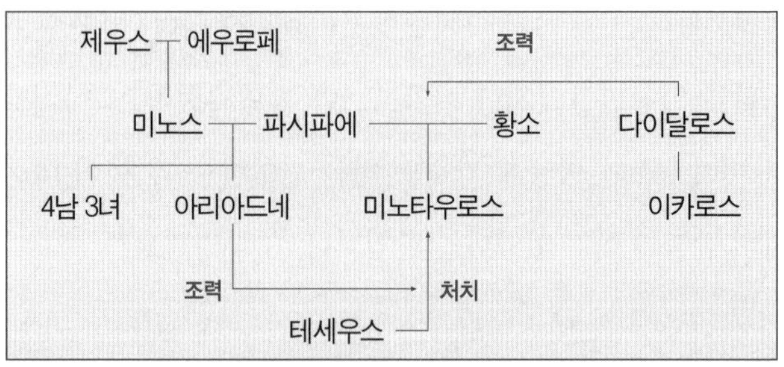

미노스 가의 가계도

　신화를 길어다 과학을 지었다

◆ 치타를 사랑한 독수리?

3장에서 말한 것처럼 모든 생명은 자연선택을 통해 진화합니다. 한 세대에서 다음 세대로 이어질 때 주어진 환경에 잘 적응하는 방향으로 생명체가 변하는 것을 진화라 합니다. 진화가 이루어지기 위해서는 부모의 형질*이 자손에게 전해질 수 있어야 합니다. 이를 유전이라 합니다. 유전이 가능하기 위해서는 물리적인 유전체계를 갖추고 있어야 해요. 지구 생명체는 DNA에 유전 정보를 담아 후손으로 전승함으로써 유전에 성공하고 있습니다. 그래서 독수리의 새끼는 부모 독수리와 꼭 닮은 날개와 발톱을 가지고 있으며, 거미의 새끼는 부모 거미와 똑같이 8개의 다리를 지닌 탁월한 재단사로 성장하죠. 일반적으로 유성 생식을 할 경우 자식은 엄마의 50%, 아빠의 50%의 유전자를 물려받습니다. 그렇다면 미노타우로스는 그럴듯해 보이기도 합니다. 파시파에와 황소에서 각각 그 모습을 이어받았다고 볼 수 있지 않을까요? 그렇다면 다양한 모습으로 개의 품종을 개량했듯이 말도 독수리와 짝짓기하면 날개 달린 페가수스를 만들 수 있는 건 아닐까요? 우리 인간도 천사처럼 날개를 가질 수 있지 않을까요?

---

* 부모에게서 물려받아 나타나는 생물의 겉모습이나 성질을 말합니다.

다윈은 자연선택에 의해 하나의 생물종에 변화가 축적되면 본래의 종과 교배할 수 없는 상태에 도달한다고 보았습니다. 새로운 종이 출현한다는 말입니다. 서로 다른 두 종의 결합으로는 제대로 된 자손을 얻지 못합니다. 사실 서로 다른 종은 보통 교배하려는 시도조차 하지 않아요. 거의 일어나지 않겠지만 치타에 애정을 느끼는 독수리가 태어났다고 합시다. 그러나 그런 독수리의 취향은 후대로 이어질 수 없습니다. 왜 그럴까요? 다른 독수리들끼리 짝짓기에 성공하여 새끼 독수리를 낳을 동안 그 독수리는 치타에 접근하다 치타에게 두들겨 맞을 게 뻔하기 때문입니다. 그런데 정말 운 좋게도 독수리에 욕정을 느끼는 치타를 만난다면요? 정말 천생연분이겠지만 그래도 최종 결과는 다르지 않아요. 둘의 생식세포의 결합은 행복한 결말에 이르지 못한답니다. DNA가 실타래처럼 뭉쳐 있는 것을 염색체라 하는데, 생물종이 가진 염색체의 수나 모양은 각기 다릅니다. 서로 다른 염색체를 가진 엄마와 아빠가 만나 생식세포가 합쳐지면 오류가 생기기 마련입니다. 또 면역계도 다를 테니 배우자의 생식세포를 병원체로 인식하여 공격할 것이고요. 그래서 같은 종이어야 번식 가능합니다.

희박한 확률을 뚫고 둘의 자손이 무사히 태어났다면요? 그래도 결과는 긍정적이지 않습니다. 그 자손은 건강할 확률이 드물며, 불임으로 후손을 낳지 못할 것입니다. 말과 당나귀를 교배하여 태어난 노새, 사자와 호랑이를 교배하여 태어난 라이거는 자손을 가지기 어렵습니다. 종을 뛰어넘어 교배까지는 성공했지만 다음 세대로 그 모습이 이어지는 일은 거의 없습니다. 다른 종임에도 교배가 성공하여 자손까지 본 것은 그나마 말과 당나귀, 사자와 호랑이가 친척이라 가능했습니다. 이 때문에 날개 달린 치타는 지구 생명체로 한 자리를 차지할 수가 없었습니다. 이로 보아 미노타우로스의 외형은 신화적 상상력으로만 가능한 설정입니다. 당연히 현실적으로는 가능하지 않습니다.

돌연변이가 발생하면 가능하지 않을까요? 유전자나 염색체에 이상이 생겨 부모에게 없던 형질이 자손에게서 나타나는 현상을 돌연변이라 힙니다. DNA 복제 오류나 빙사선, 화획물질의 직용 등으로 발생합니다. DNA는 주된 역할은 단백질을 만들어 내는 유전 정보를 보전하고 전승하는 일입니다. 3장에서 살펴보았듯이 DNA의 염기에는 유전 정보가 담겨 있습니다. 세포는 DNA의 암호를 해독하여 단백질을 만들어요. 그 단백질은 생명체의 몸체를 만들거나 생존에 필수적인 효소가 됩니다. A, T, C, G로 나열된 정보는 3개를 한 단위로 하여 하나의 아미노산에 대응됩니다. 아미노산은 단백질을 만들 수 있는 기본 구성 단위예요. 많은 아미노산이 합해져 입체적으로 꼬이면 단백질이 됩니다. 우리 몸은 20개의 아미노산을 합성할 수 있습니다. 예를 들면 AAA 세 염기는 라이신, AAC 세 염기는 아스파라진이라는 아미노산을 만드는 정보예요. 그런데 아미노산 하나로 적혈구나 눈의 수정체를 만들 수는 없습니다. 많은 아미노산이 합쳐져야 합니다. 그러니 3개보다 훨씬 많은 암호 문자의 집합이 필요합니다. 이 같은 집합 단위가 유전자입니다.

◆ 장자가 비번역 DNA를 본다면?

아이러니하게도 인간 DNA의 97% 정도는 단백질을 만들어 내는 유전 정보를 담고 있지 않습니다. 이를 비번역 DNA라고 합니다. 그러므로 유전자는 비번역 DNA를 제외한, 단백질을 만드는 암호를 가진 DNA의 집합 뭉치라 할 수 있습니다. 인간의 DNA는 약 30억 쌍인데, 인간의 유전자는 2만여 개로 차이가 나는 한 가지 이유입니다. 아무것도 하지 않는 듯한 비번역 DNA가 왜 이렇게 많은지 아직 명료하게 밝혀지진 않았습니다. 불필요한 부분이 대부분이니 아주 비효율적인 시스템으로 보이는데, 이 때

    신화를 길어다 과학을 지었다

문에 생긴 이득도 있습니다.

지구의 생명체는 DNA 복제 전문가입니다. 복제 과정에서 오류가 거의 없어요. 코끼리의 긴 코, 공작의 긴 꽁지깃이 많은 세대가 지나도 여전한 까닭은 이 때문이죠. 그러나 DNA는 무척 긴 암호 문자이기에 복제 시 오류는 드물게라도 일어날 수밖에 없어요. DNA에 오류가 생겼으니 큰일이 일어날 법한데, 대부분의 DNA 복제 실수는 개체의 생존에 그다지 해를 끼치지 않습니다. 단백질을 만들어 내는 유전 정보를 담은 DNA는 극히 적기에 유전자 부위에서 복제 실수가 일어날 확률이 적기 때문입니다. 별다른 역할을 하지 않는 많은 DNA 때문에 실수가 희석되는 효과가 생긴 거예요.

쓸모가 없기에 쓸모가 생긴 역설 같습니다. 쓸모없음의 효용을 역설한 고대 철학자가 장자였지요. 장자가 길을 걷다 나무꾼이 낳은 나무를 베녀서노 유독 큰 나무 한 그루에는 손을 안 대는 장면을 봅니다. 장자가 연유를 묻자 "저 나무는 쓸모가 없어서 그대로 둡니다. 너무 구불구불하거든요."라는 대답을 듣습니다. 장자는 '저 나무는 쓸모가 없기에 살아남았구나.'라고 생각했습니다. 사람에게 쓸모없음이 나무에겐 큰 쓸모였습니다. 단백질 생산에 쓸모없는 비번역 DNA는 유전자 복제 실수 효과를 완화시켜 주는 쓸모가 있었습니다. 장자가 비번역 DNA를 보면 무척 반길 것 같습니다.

아기는 두 부모에게 없는 해로운 돌연변이를 평균 1.6개 정도를 갖고 태어난다고 합니다. 세대를 거듭하면서 1.6개가 누적되면 오랜 시간이 지나면 큰 문제가 될 수 있겠으나, 한 세대만 본다면 돌연변이의 수가 적고 돌연변이는 대부분 열성*이라 대체로 개체에 별다른 지장을 주진 않습니다. 이처럼 정밀한 시스템을 갖추고 있기에 돌연변이의 발생으로 사람의 등에 갑자기 날개가 생긴다든지, 하체가 말의 몸통이 되는 일은 일어날 수는 없어요. 당연히 미노타우로스 같은 황소 머리 인간이 어두운 골목길을 걸어 다닐 가능성도 없고요. 인간은 생물의 진화 과정을 따르는 동시에, 인간만의 진화 과정을 거쳤기에 오늘날의 모습으로 존재하는 겁니다.

---

* 한자로 '열성(劣性)'인데 '열(劣)'이 '못하다, 약하다'는 뜻이어서 오해를 많이 받습니다. '열성 유전자'는 표현형으로 잘 드러나지 않는다는 의미일 뿐인데, 문제가 있는 열등한 유전자로 인식하는 일이 있어서입니다. 열성 유전자는 같은 위치의 다른 열성 유전자와 함께 있을 때만 외적으로 그 형질이 표현됩니다. '우성, 열성'이라는 이 용어에 대한 오해가 과거 우생학의 창궐에 일부분 기여했을 거라는 의구심도 듭니다. 일본 유전자 학회는 '우성(優性), 열성(劣性)' 대신 '현성(顯性), 잠성(潛性)'이라는 용어를 씁니다. 현(顯)은 '드러내다', 잠(潛)은 '숨기다'라는 뜻이니, 우생학적인 오해를 불러일으키지 않으면서 의미를 오해 없는 표현으로 보입니다.

 신화를 길어다 과학을 지었다

◆ 우리는 누구인가?

　　우리는 누구인가요? 우리는 어떤 존재인가요? 우리는 지구의 다른 생물처럼 DNA를 통한 복제 시스템을 기반으로 삼는 생명체입니다. 자연선택 과정을 통해 점진적으로 진화한 역사 속에서 탄생한 생물종이죠. 38억 년 전쯤 생명이 탄생하였고, 약 1억 8천만 년 전 포유류가 나타났습니다. 우리 사피엔스는 약 800만 년 전에 고릴라와, 600만 년 전 침팬지, 보노보와 갈라졌습니다. 이렇게 '생명의 나무'에서 하나의 나뭇가지를 차지한 생물이 되었습니다. 우리는 오랜 시간 진화를 겪으며 몸과 마음을 형성하였습니다. 포유류, 영장류의 특성을 물려받았고, 인류만의 진화 과정을 거치며 남다른 특질을 더하여 지금의 모습이 되었습니다. 진화 과정에서 뇌가 고도로 발달하여 우주가 어떻게 탄생했는지, 생물이 어떤 과정으로 지금의 모습이 되었는지를 이해하는 유일한 지구 생물이 되었습니다. 이렇게 위대한 생물이지만 과도하게 화석 연료를 사용하여 기후 위기 또한 불러왔지요. 지구 생물을 단번에 공멸시킬 수 있는 핵무기 또한 인간의 발명품이고요. 이같이 인간에 대해서, 양극단의 평가가 다 가능합니다. 우리의 본성은 무엇일까요? 우리는 도대체 어떤 존재일까요?

6.

아킬레우스는 무기를 집어 들었다

최고신 제우스가 펠레우스를 남편감으로 소개시켜 주었을 때 테티스는 실망이 컸다. 영웅으로 추앙받는 인물이지만 어쨌든 그는 신이 아닌 인간이었다. 이 사실은 작은 문제가 아니었다. 인간은 필멸의 운명을 타고나기에 본인이 신이라 해도, 인간 펠레우스와 낳은 자식은 결국 죽을 수밖에 없는 운명임을 테티스는 알고 있었다. 이 사실이 바다의 요정 테티스를 괴롭게 했다. 펠레우스와 낳은 아들 아킬레우스를 어떻게든 불사의 존재로 만들고 싶었다. 그래서 아킬레우스를 스틱스강으로 데려갔다. 영험한 힘이 있는 스틱스강에 몸을 담그면 불사의 존재가 된다는 것을 알고 있었다.

"스틱스강이여, 사랑하는 이 아이를 모든 위험으로부터 보호해 주소서."

그런데 이때 테티스는 실수했다. 아기를 거꾸로 담그면서 손으로 잡은 발목은 강물에 젖지 않았다. 그래서 아킬레우스의 몸 전체가 어떤 창칼이나 화살로도 뚫을 수 없게 되었으나 발목만은 예외였다. 여기서 아킬레스건이라는 말이 유래했다.

테티스는 아킬레우스가 전쟁에 참여하면 죽게 됨을 예감하여, 아들이 트로이 전쟁에 참전 못 하도록 계획을 세운다. 아킬레우스를 여장시켜 이웃 섬나라 스키로스의 궁정의 시녀들 틈에 섞이게 하여 아무도 찾지 못하도록 했다. 용맹스러운 아들이라 내켜 하지 않는 기색이 역력했으나 다행히 간절한 엄마의 마음을 이해했는지 순순히 따라 주었다. 일이 계획대로 진행되자 테티스는 한숨을 놓았다. 그러나 꽁꽁 숨은 아킬레우스를 찾아낼 지략을 지닌 이가 있을 줄은 미처 몰랐다. 아킬레우스가 없으면 전쟁에서 승리할 수 없다는 신탁을 들은 오디세우스는 아킬레우스의 행적을 추적했다. 그는 방물장수로 꾸며 스키로스에 나타났다. 여자가 좋아할 만한 장신구에 무기를 섞어 벌여 놓았다.

시녀는 모두 장신구를 만지작거렸는데, 여장한 아킬레우스는 무기를 집어 들었다. 오디세우스가 그 순간을 놓칠 리 없었다. 결국 테티스의 노력은 물거품이 되고, 아킬레우스는 트로이 전쟁에 참전하게 되었다. 아킬레우스는 트로이 전쟁에서 그리스의 가장 용맹한 장수로 많은 공을 세운다. 그리스가 위기에 처했을 때 트로이의 영웅 헥토르를 전사시켜 전황을 뒤집어 버렸다. 그러나 헥토르의 동생 파리스가 쏜 화살에 스틱스 강물이 닿지 않았던 발목을 맞고 전사했다.

   신화를 길어다 과학을 지었다

아킬레우스 신화를 읽으면 어머니가 한번씩 들려주는 이야기가 떠오릅니다. 제겐 어렴풋한 편린으로만 기억에 남았는데, 어머니는 생생히 기억하셨어요.

"너 보라고 네 큰 누야한테 맡기고, 아버지랑 난 들에 나갔든가 했다. 호미를 가지러 왔든가 잠깐 집에 들렀는데, 마당에 연기가 가득했어. 네 울음소리가 엄청 크게 들리고. 큰 사달이 났다 싶어 아궁이로 퍼뜩 가 보니, 불이 사방으로 다 옮겨붙어 활활 타고 있더라. 땔감으로 쌓아 뒀던 나무에 불이 붙었는데, 네 누야는 보이지 않고 너만 그 안쪽에 앉아 울고 있는 거 아니냐. '아이고야' 소리치면서 수돗가로 뛰어가 바께스에 물을 부어가 퍼붓고 또 퍼붓고 했었다. 참말 다행인 게, 아궁이부터 시작해서 네 사방으로 불이 다 붙었는데 너는 멀쩡한 거라. 상처 하나 안 입고. 우째 그래 될꼬? 암만 생각해도 돌아가신 할머니가 보살핀 기라."

기억을 못 하는 일인데, 어머니 말을 들으니 한 장면이 어렴풋이 떠오르긴 합니다. 불길 속에서 엉엉 울었던 장면이. 만약 어머니가 늦게 왔다면? 아찔합니다. 제가 파에톤처럼 시커멓게 재가 되었을지도 모르겠어요. 할머니에게 고마움을 전해야 할 것 같습니다.

명절이 되면 할머니 제사를 지냅니다. 어머니는 제사상에 음식을 올리며 자식들의 안녕을 빌고 또 빌어요. 여든이 얼마 안 남은 어머니 본인의 건강을 비는 것이 더 필요하건만 어머니는 늘 건장한 자식임에도 염려스러운지 자식의 건강과 성공을 비십니다. 불 속에서 무사했던 것이 할머니의 보살핌으로 인한 것이라고 실제로 믿지는 않습니다. 그러나 믿지 않아도 예를 다해야 한다고 생각합니다.

제가 갓난아기 때 할머니 등에 업힌 채로 오줌을 쌌다고 합니다. 할머니는 잠든 아기가 깰까 봐 오줌으로 등이 다 젖은 그대로 마당을 걸어 다니셨다고 하고요. 물리적 실체가 없는 영혼에 대해서는 존재 여부를 알 수 없으나, 그때 할머니의 그 사랑은 진실이지요. 눈에 보이지 않는 진실은 행동으로 짐작할 수 있으니까요. 죽은 뒤에도 현실에 힘을 끼칠 수 있다면 할머니는 분명 위험에 처한 저를 구했겠지요. 그러므로 할머니가 불에서 저를 구했다는 말에는 진실이 담겨 있다고 여깁니다.

아킬레우스의 어머니는 아들을 죽지 않도록 만들기 위해 스

　　신화를 길어다 과학을 지었다

틱스강까지 찾아가 아킬레우스를 목욕시킵니다. 결과는 비극적이었으나 어머니의 마음은 절절한 사랑을 담고 있었어요. 지난 삶을 돌아보니 살아오는 동안 크게 다치거나 목숨을 잃었을 법한 사고를 제법 겪었습니다. 어머니의 기도와 할머니의 보살핌이 있어서 험난한 삶의 노정을 고꾸라지지 않고 건너온 듯합니다. 아킬레스건이 많은 허약한 몸이겠지만 그래도 인생으로 날아드는 세상의 칼과 화살을 튕겨 내는 방탄의 몸을 갖추게 된 것은 제가 잘나서가 아니라 가까운 이의 지지와 응원 덕임을 깨닫습니다.

테티스와 아기 아킬레우스

오디세우스가 아킬레우스를 전쟁에 데려가기 위한 계략이 흥미롭습니다. 오디세우스는 궁궐의 시녀들 사이에 여장한 아킬레우스를 찾아내기 위해 미끼를 던집니다. 미끼는 칼이었어요. 시녀들이 치장에 쓰는 알록달록한 장신구에 눈을 빼앗길 때 여장한 아킬레우스만 미끼를 덥석 물어 버립니다. 이것은 아킬레우스만 유별난 취향을 가져서 나타난 결과가 아니라 대개의 남자아이가 보이는 특성이죠.

성별에 따라 대체적인 성향의 차이가 존재합니다. 놀이터에서 더 위험한 행동을 하고, 전쟁놀이를 즐기는 건 주로 남자아이입니다. 공주처럼 화려하고 장식이 많은 옷을 좋아하는 건 주로 여자아이이입니다. 성차별을 말하는 것이 아니라 성에 따른 차이를 가리키고 있습니다. 성은 무엇이고 성에 따라 왜 차이가 있을까요?

처음부터 생물에 성별이 있지는 않았습니다. 10억 년 전쯤 생물은 성을 발명했어요. 유성생식은 급속히 퍼져 오늘날 우리 주변의 눈에 보이는 대부분의 생물은 유성생식을 합니다. 유성생식이 안정적인 시스템이라는 방증입니다. 그런데 사실 유성생식은 꽤나 번거롭습니다. 만화 〈드래곤볼〉의 피콜로는 자녀를 원할 때 입으로 알을 뱉어 냅니다. 그러면 곧 자식이 알을 깨고 나오죠. 무성생식이라 할 수 있겠습니다. 무성생식은 이렇게 번식이 놀랍도록 간편합니다.

유성생식은 생식세포를 가진 암수가 만나 두 세포를 결합시켜야 자녀가 태어날 수 있습니다. 짝을 못 찾거나 짝을 만났으나 어느 한쪽이 결합을 거부할 수도 있겠지요. 또 짝을 만나러 가는 도중에 포식자에게 잡아먹힐 위험도 크고요. 무성생식에 비해 비효율적인 번식 시스템으로 보입니다. 생식세포의 결합 시 세포의 소유주에게 큰 쾌락을 선사하도록 신경계가 배선된 까닭은 이 번거로움과 위험을 감수하고서라도 번식 행위를 지속시키기 위한 방책으로 볼 수도 있겠습니다.

그런데 유성생식은 에너지가 더 많이 들지만 큰 장점이 있습니다. 배우자와 유전물질이 반씩 섞였기에 돌연변이, 기생충, 환경 변화 등과 같은 문제에 대응할 더 안정성이 높은 자손을 생산할 수 있다는 점입니다. 유전물질이 섞이면서 나타난 다양한 형질 중 기생충과 환경 변화에 잘 대응하는 것이 있을 확률이 높아서 그렇습니다. 무성생식은 유전자가 모두 같기에 환경의 변화에 제대로 대응 못 하여 단번에 멸종될 수도 있는 치명적인 단점이 있습니다. 비효율적인 면이 있으면서도 10억 년 동안이나 유성생식 시스템을 만드는 유전자가 번성할 수 있었던 이유입니다.

◆ 왜 남과 여, 둘밖에 없지?

그런데 왜 유성생식으로 번식하는 성은 둘밖에 없을까요? 성이 셋이면 유전자가 더 많이 섞여 돌연변이, 기생충 문제를 더 잘 극복할 수 있지 않을까요? 사람을 예로 들어 설명해 보겠습니다. 성염색체는 암수의 성을 결정하는 데 관여하는 염색체를 말합니다. 사람은 전체 23쌍의 염색체 중 1쌍만이 성염색체입니다. 여성은 XX, 남성은 XY 성염색체를 가지고 있어요. XX인 여성과 XY인 남성이 짝짓기하면 그 자녀의 XX:XY는 평균적으로 1:1입니다. 이 때문에 남녀 성비는 크게 차이 나지 않아요. 만약 YY 성염색체를 가지는 제3의 성이 있다면 어떻게 될까요? YY 염색체를 가진 성이 XY 염색체를 가진 남성과 만나 번식하면 XY:YY가 1:1의 비율로 자손을 낳기에 별문제가 없습니다. 문제는 XX와 YY가 만났을 때예요. 이 둘이 만나면 XY인 자손만 생깁니다. 그렇기 때문에 XX, XY, YY의 세 성염생체를 가진 종은 시간이 지날수록 XY 염색체를 가진 성만 많아지기에, XY가 교배할 짝이 없어 결국 멸종의 길에 들어서게 됩니다. 즉 성이 셋인 시스템은 안정성이 부족해요. 그래서 오늘날 유성생식은 두 성이 교배하는 시스템으로 정착한 걸로 짐작됩니다.

물론 이와 같은 사실이 고정된 두 성별만이 당연하고 다른 성의 존재나 성의 전환이 자연의 법칙을 거스른다고 말하는 건 아닙니다. 악어, 거북이 등은 알이 놓인 둥지의 온도에 따라 성이 결정돼요. 상대적으로 낮은 온도에서는 암컷, 높은 온도에서는 수컷이 태어나요. 흰동가리 무리의 큰 암컷이 죽으면 수컷 중 가장 큰 개체가 암컷으로 성을 바꿉니다. (자고 일어나면 아빠가 엄마가 되니 '엄빠'라는 말은 흰동가리에게 바쳐야 하겠습니다.) 유성생식을 하는 성별이 둘이 아닐 때 장기적으로 종의 보존이 쉽지 않다는 말을 하였지, 성의 모습이 어떠해야 한다는 당위를 말하지 않았습니다. 자연의 모습에서 인간의 도덕을 끌어내는 오류를 우려하여 덧붙여 한 말입니다. 자연은 금기가 없습니다. 그렇기에 '스스로 그러하다'는 뜻인 '自然(자연)'이라고 이름 지어졌겠지요.

◆ 왜 난자, 정자만 있나?

영양분이 많고 이동성이 약한 생식세포를 난자라 하고, 난자를 만드는 성이 암컷입니다. 영양분 없이 유전자를 난자까지 이동시킬 운동력만 갖춘 생식세포를 정자라 하고, 정자를 생산하는 성이 수컷입니다. 남녀의 많은 차이는 근원적으로 두 생식세포의 서로 다른 특성에서 기인합니다. 그런데 왜 꼭 난자와 정자의 결합이어야 할까요? 영양분 많은 생식세포 둘이 결합하면 안 될까요? 영양분을 더 많이 가지니 더 튼튼하게 자라지 않을까요? 난자 같은 두 생식세포를 결합시키려 하면 둘 다 안 움직이고 제자리에 있으니 서로 만나지를 못 합니다. 그럼 두 생식세포 모두 정자같이 이동성이 좋으면 더 잘 만나 쉽게 번식할 수 있지 않을까요? 혼잡한 도심지에서 두 사람이 다 열심히 돌아다닌다고 쉽게 만날까요? 하나는 제자리에 있고, 다른 하나가 이동하며 찾는 게 더 빨리 만나게 됩니다. 그리고 난자가 지닌 세포 소기관과 영양분이 없는 정자 간 결합으로는 배아가 제대로 자랄 수 없습니다.

그럼 영양분도, 운동력도 어느 정도 있는 중간적인 생식세포끼리 만나는 건 어떨까요? 서로의 영양분을 보태기에 더 성장과 생존에 유리하지 않을까요? 난자, 정자의 불균형도 해결될 수도 있기에 괜찮아 보이는데 왜 이런 생식세포는 성공하지 못했을까요? 우선 경제적 문제가 있습니다. 양분을 가진 통통한 생식세포를 만들기 위해 에너지가 많이 써야 하는데, 덩치가 커졌으니 이동시키기는 더 어렵습니다. 큰 몸체가 이동하려면 가진 영양분을 많이 사용해야 해요. 덩치가 크면 이동 속도가 느려 경쟁에 불리하다는 문제도 있고요. 또 정자의 운동은 스트레스를 발생

  신화를 길어다 과학을 지었다

시켜요. 그 스트레스는 유전자에 돌연변이를 유발할 수 있지요. 더 큰 몸체를 움직인다면 스트레스 증가로 더 많은 돌연변이가 생깁니다. 이는 매우 심각한 문제예요. 세포 소기관과 미토콘드리아 DNA를 오직 엄마로부터 물려받는 이유는 정자가 세포 내 물질을 가져간다면 이동 운동을 하는 동안 스트레스의 영향을 받기 때문으로 짐작됩니다. 그래서 자녀는 정자로부터는 유전자만 물려받고 나머지는 모두 난자의 것을 취하는 쪽으로 진화한 것으로 보입니다. 이런 까닭으로 성에 따라 한 방향으로 특화된 생식세포를 만든 후 둘을 결합함으로써 온전한 수정란을 만드는 번식 방법이 자리 잡았습니다.

◆ 파충류 VS 포유류

난자는 에너지가 많이 투여되기에 생산량이 적고, 정자는 생산 비용이 부담되지 않기에 매우 많이 생산될 수 있습니다. 그래서 난자는 희소가치를 가집니다. 희소 자원을 차지하려는 수컷은 암컷에게 잘 보이기 위해 구애 행동에 공을 들이게 됩니다.

정자와 난자가 결합된 세포를 수정체라 하고, 수정체가 몸 밖으로 나온 것을 알이라 합니다. 알은 생명체의 획기적인 발명품이에요. 양서류, 파충류, 조류는 모두 알을 낳습니다. 알에 많은 영양분을 담아 딱딱한 껍질로 보호할 수 있게 되었기에 바다의 동물이 육상으로 서식지를 넓힐 수 있었습니다. 그렇지 못했다면 수정체의 수분이 증발하여 말라붙거나 자외선으로 유전자가 망가졌겠지요. 또 중력에 의해 땅바닥에 달라붙어 불순물에 오염되기도 했을 것이고요. 대단한 발명품인 알의 단점 중 하나는 수정체에게 풍부한 영양분을 제공한 만큼 포식자에게도 양질의 먹거리로 인식된다는 점입니다.

알의 보호자는 약탈자로부터 지키기 위해 갖은 노력을 다하지만 결국 많은 알을 잃곤 합니다. 포유류는 알을 낳지 않고 새끼를 출산하는 획기적인 시스템을 발명합니다. 새끼 스스로 몸을 가누고 움직일 수 있을 때까지 엄마가 태반에서 오랜 시간 보호하며 영양분을 공급하는 시스템이지요. 이로써 포식자로부터 새끼를 약탈당하는 비극을 줄이는 데 성공합니다. 다만 그로 인해 엄마는 긴 임신 기간을 감내해야 했어요. 자식 사랑이 극진한 포유류네요. 포유류는 엄마의 젖을 먹이는 양육 방법까지 발명해 더욱 새끼가 안전하게 성장할 수 있게 만듭니다. 부모가 자식을 양육한다는 개념이 없는 파충류의 새끼는 태어나자마자 혼자 힘으로 생존해야 합니다. 조류는 새끼를 적당한 시기까지 키우지만 젖을 먹이지 못하기에 부모가 먹이를 구하기 위해 둥지에 새

신화를 길어다 과학을 지었다

끼를 두고 자리를 비우곤 해야 합니다. 이를 보면 포유류가 안정성이 더 높은 방법으로 새끼를 양육함을 알 수 있습니다. 그런데 암컷에서 나오는 젖을 먹이기 때문에 암컷과 수컷의 자녀에 대한 투자 비용의 비대칭은 더욱 심화됩니다.

◆ 우리가 지금 이 모습인 이유

포유류는 출산 및 양육 비용 모두를 암컷이 온전히 감당하는 경우가 대부분입니다. 또 암컷은 임신과 초기 양육 기간에는 다른 자녀를 낳지 못하므로, 낳을 수 있는 자녀 수가 한정됩니다. 수컷은 DNA 혼합 말고는 자녀 출산 및 성장에 그다지 기여하는 바가 없어요. 그래서 포유류 암컷은 수컷에게 다른 걸 기대하지는 않고, 수컷에게서 더 좋은 자질을 얻으려 합니다. 더 훌륭한 수컷과 짝이 되기 위해, 짝짓기에 신중한 태도를 취하죠. 더 좋은 유전자를 택하려 하는 것입니다.

유전자는 세포핵 속에 감춰져 있어 볼 수 없고, 본다고 해도 과학 기술의 도움 없이는 좋은지 나쁜지 판단할 수가 없습니다. 그렇다면 어떻게 상대가 좋은 유전자를 가졌는지를 짐작할 수 있을까요? 유전자 입장에서 우수한 유전자란 자기 자신을 성공적으로 잘 복제할 수 있는 유전자입니다. 생존과 번식에 유리한 형질을 많이 소유해야 한다는 말이에요. 건강, 강한 면역력, 돌연변이와 기생충 없는 신체, 높은 지위 등이 그러한 형질입니다. 인간도 비슷해요. 우수한 신체와 뇌를 소유했음을 짐작게 하는 자질이 보인다면 우수한 유전자를 가졌다고 예측되곤 합니다. 좌우 대칭형의 신체, 지위, 소유물, 지능, 언어 능력, 예술적 능력, 공감 능력, 유머 능력 등이 적응력이 뛰어난 유전자를 소유했는지의 여부를 알려 주는 지표가 될 수 있어요. 그래서 우리는 이런 적응 지표가 되는 자질을 얻기 위해 애쓰고, 이런 자질을 가진 이성에게는 매력을 느끼고 동성에게는 선망이나 질투를 느끼곤 합니다.

투자 비용의 남녀 차이 때문에 남녀 간 주목하는 지점이 좀 다릅니다. 상대적으로 남자는 번식과 양육을 잘할 것 같은 신체의 모습 쪽에, 여자는 유전적 적응 정도를 드러내는 지표인 지위, 지능, 언어, 예술성 쪽에 더 주목하는 경향이 있습니다. 선호하는 이성의 자질을 묻는 여론 조사 결과를 보면 이런 경향이 나타납니다. 희소 자원을 차지하려는 수컷 간 경쟁이 치열하기에 수컷은 더 과시하고, 더 폭력적인 성향을 띠곤 합니다. 이 맥락에서 보면 시녀가 몸을 치장하는 장신구에 눈이 가고, 아킬레우스

          신화를 길어다 과학을 지었다

가 싸움에 필요한 칼에 관심이 가는 것은 자연스러운 마음의 흐름으로 볼 수 있습니다. 인간이 다른 생명과 차원이 다른 별개의 존재가 아닙니다. 우리는 탄소를 중심으로 몸을 형성하였고, DNA 복제시스템으로 소유한 형질을 자손에 유전하는 생물입니다. 유성생식을 하는 포유류이기에 포유류의 일부 특질을 공유하고 있고요. 정자와 난자의 비대칭, 포유류 암수의 출산과 양육의 상이성에서 오는 성선택의 양상이 스며들어 있습니다. 우리가 흔히 보이는 마음과 행동의 근원적 이유를 성의 진화와 선택에서 찾아야 하는 이유입니다.

7.

가장 아름다운 여신께 드리는 황금 사과

[아프로디테 × 성선택]

"가장 아름다운 그리스 여신에게."

◆ 에리스의 황금 사과

　신이 우리의 소원을 하나 들어준다면 무슨 소원을 빌면 좋을까요? 생각만으로도 흐뭇한 일입니다. 우리가 늘 바라는 일인 로또 1등이 떠오르지만 모든 것을 다 이뤄 주는 소원이라면 로또 1등조차 약소하게 느껴집니다. 4장의 파에톤은 태양 마차를 모는 소원을 빌었습니다. 금손으로 유명한 그리스 신화의 미다스 왕은 디오니소스 신에게 닿는 것은 무엇이든 황금으로 변하게 만드는 손을 가지게 해 달라는 소원을 빌었고요. 파에톤은 낭만적인, 미다스는 현실적인 소원이라는 생각이 듭니다. 이렇게 신화 속 신은 인간이 비는 소원을 이루어 주곤 합니다. 역으로 신이 인간에게 자신을 도와주었을 때 보상을 주겠다는 제안을 하며 인간을 설득하기도 합니다. 무려 세 명의 신이 한 인간에게 바라는 것을 늘어수겠다고 제안한 이야기가 있습니다. 그 셋은 헤라, 아테네, 아프로디테로, 이름만 들어도 아는 쟁쟁한 여신이고, 인간은 파리스라는 목동입니다. 등장인물의 면면만으로도 흥미로움이 일어납니다. 어떤 이야기일까요?

　에리스는 아랫입술을 윗니로 지그시 눌러 깨물었다. 괘씸하기 그지없었다. 한동안 신계가 흥미를 끄는 일 없이 조용하기만 해서 지루함마저 느끼던 요즘이었다. 그러다 얼마 전 흥미로운 이야기를 하나 들었다. 여신 테티스와 제우스의 손자 펠레우스의 결혼식이 성대하게 열린다는 소식이었다. 거의 모든 신이 다 초대된다는 걸 알았기에 에리스는 초대장이 올 날만 기다렸다. 볼거리가 많을 테고, 그렇게 많은 이들이 모이는 자리에는 언쟁과 다툼이 있게 마련이라 본인이 활약할 일도 많을 터였다. 그러나 기대와 달리 에리스는 결혼식 직전까지 초대받지 못했다.

'나만 쏙 빼놓아? 흥, 어디 두고 보라지. 나 에리스가 왜 불화의 여신으로 불리는지를 잊지 못하도록 뼈에 새겨 주리라.'

분노의 크기에 비해 에리스가 한 일은 사소했다. 에리스는 잔칫상에 사과 한 알을 올려 두었을 뿐이었다. 황금으로 된 사과였다. 사과의 한 귀퉁이에는 글귀가 새겨져 있었다.

"가장 아름다운 그리스 여신에게."

이 문구가 분란의 시발점이었다. 세 여신이 나서서 그 사과가 본인의 것이라 주장했다. 가정 수호의 여신이자 제우스의 아내인 헤라, 지혜와 전쟁의 여신 아테네, 미의 여신 아프로디

　　　　　　　　　신화를 길어다 과학을 지었다

테였다. 올림포스에서 가장 영향력이 큰 세 여신이 서로 자기가 가장 아름다운 여신이라며 입씨름을 벌였고, 시간이 흐를수록 말싸움이 치열해졌다. 이 다툼이 끝날 기미도 없이 지긋지긋하게 이어지자, 제우스는 트로이 땅에서 양을 치던 청년 파리스에게 판결을 맡겼다.

세 여신은 파리스에게 황금 사과를 건네주며 황금 사과의 주인이 될 만한 가장 아름다운 여신을 셋 중에서 고르게 했다.

헤라 여신이 품위 있는 걸음으로 앞으로 나서서 말했다.

"신들의 왕후 나 헤라에게 그 황금 사과를 주면 어마어마한 재물과 강력한 권력을 주겠노라."

눈부신 갑옷을 입은 아테나 여신이 이어 말했다.

"나는 지혜와 전쟁의 여신으로 불리는 아테나이니라. 나에게 그 황금 사과를 주면 누구에게도 뒤지지 않는 지혜와 모든 전쟁에서의 승리를 안겨 주겠노라."

찬란한 금발 머리를 날리며 앞으로 나선 아프로디테가 말했다.

"지금의 내 자태를 보면 내가 왜 미의 여신으로 불리는지 알았으리라. 황금 사과를 나에게 주면 나만큼 아름다운 아내와 짝을 지어 주겠느니라."

파리스는 아프로디테만큼 아름다운 아내라는 말을 듣는 순
간 홀린 듯이 황금 사과를 아프로디테에게 건넸다. 자존심을
구긴 헤라와 아테네의 표정이 자존심처럼 일그러졌다. 아프
로디테만 의기양양한 몸짓으로 미소를 지었다. 아프로디테는
아들 에로스를 시켜 가장 아름다운 여인 헬레네가 파리스와
사랑에 빠지도록 만들게 해 약속을 지켰다.

파리스의 판결

◆ 셀럽의 결혼식이 트로이 전쟁으로

테티스와 펠레우스의 결혼은 오늘날에 빗대면 두 셀럽이 부

        신화를 길어다 과학을 지었다

부가 되는 사건이라 할 수 있습니다. 테티스는 바다의 여신이고, 펠레우스는 인간이긴 하지만 영웅이면서 제우스의 손자입니다. 테티스는 제우스와 포세이돈이 다 구애를 할 정도로 매력적인 여신이었어요. 그러면 왜 테티스가 제우스나 포세이돈과 맺어지지 않았냐고요? 테티스가 거절하기도 했으나 더 결정적인 이유는 다른 데 있었습니다. 프로메테우스가 "테티스가 낳은 자식은 아버지보다 위대한 존재가 된다."라고 미래를 알려 줬기에 본인의 권력을 뺏길 걸 두려워한 두 형제가 마음을 접었기 때문입니다. 권력은 얼마만큼이나 달콤한 걸까요? 자식에게조차 권력을 양보하기 싫었나 봅니다.

제우스는 프로메테우스의 예언을 고려하여, 신이 아닌 인간을 테티스의 배우자로 낙점합니다. 자신의 손자인 펠레우스였습니다. 영웅이긴 하나 인간인 펠레우스보다 더 강한 자식이 태어나더라도 자신을 위협하지는 못할 거라는 계산이 있었지요. 실제로 테티스와 펠레우스의 자식으로 아버지보다 강한 아들이 태어납니다. 그가 바로 6장에서 말한 아킬레우스입니다! 이렇게 이야기와 이야기가 이어집니다.

가장 아름다운 여신을 선정하는 양치기 파리스는 트로이 왕국의 왕자입니다. 10장에서 언급할 예언자 카산드라 공주가 그의 누이입니다. 왕자가 양을 치고 있던 데는 사연이 있습니다. 파리스가 트로이를 멸망시킬 거라는 신탁을 들은 트로이 왕과 왕비는 파리스를 산에 버려 죽게 하려 했습니다. 그러나 양치기에게 구출되어 양치기의 자식으로 성장했어요. 그때 여신들이 찾아와 가장 아름다운 여신을 판정하는 역할을 맡겼지요. 후에 왕자임이 밝혀져 다시 트로이 왕궁으로 돌아갑니다.

헬레네는 제우스와 스파르타 왕비인 레다의 딸로 알에서 태어났습니다. 제우스가 백조로 변신하여 레다에게 접근한 영향을 받아 레다는 알을 낳았습니다. 그 알에서 2남 2녀가 태어났어요. 헬레네는 그중 한 명으로 무척 아름다운 미녀로 성장합니다. 레다의 두 아들이 모두 일찍 죽었기에 헬레네는 스파르타 왕국의 왕위 계승자이기도 합니다. 그래서 헬레네가 결혼 적령기가 되었을 때 그리스 전역의 쟁쟁한 영웅들이 헬레네에게 구혼하러 구름처럼 몰려들었습니다. 가장 아름다운 데다가 헬레네의 남편이 되는 순간 차기 왕이 되는 거였으니까요.

헬레네의 부모는 구혼자들이 질투심으로 서로 전쟁을 벌일까 두려워 사윗감을 선뜻 택하지 못했어요. 그때 지략이 뛰어난 영웅 오디세우스가 좋은 계책을 냅니다. 이처럼 머리 쓰는 일에는 오디세우스가 자주 등장합니다. 6장에서 보았듯이 그리스와 트로이 전쟁 참전을 피하기 위해 숨은 아킬레우스를 찾아내는 계

　　　　　　　　신화를 길어다 과학을 지었다

략을 쓴 것만 봐도 그의 뛰어난 지략을 짐작할 수 있습니다. 오디세우스는 누가 헬레네의 신랑으로 낙점되든 승복하고, 이 결혼을 훼방 놓을 경우 구혼자 모두가 힘을 합쳐 싸우도록 맹세를 시키자고 주장하여 받아들여졌습니다. 수많은 구혼자 중 미케네의 왕 아가멤논의 동생 메넬라오스가 헬레네의 남편이 되었고, 다른 구혼자들은 맹세 때문에 분란을 일으키지 않았습니다. 그런데 이 맹세로 인해 그리스 전역이 전쟁에 휩싸이게 될 줄은 이때는 아무도 몰랐지요.

◆ 헬레네의 심장을 맞힌 에로스의 화살

우리가 잘 아는 사랑의 신 에로스는 아프로디테의 아들입니다. 큐피드라는 이름이 더 유명한데, 큐피드는 로마 신화에서의 이름이에요. 큐피드 대신 '아모르'로 불리기도 했어요. 신나는 트로트 〈아모르 파티〉로 익숙한 단어이죠? 에로스는 활과 화살을 든 날개 달린 어린 아기의 모습으로 그려집니다. 아프로디테 그림 주변에 날개 달린 아기 천사가 많이 그려지는데, 바로 에로스입니다. 그의 화살통에는 사랑에 빠지게 만드는 황금 화살과 증오에 휩싸이게 만드는 납 화살이 있습니다. 에로스의 화살에는

그 화살을 맞은 후 처음 마주한 이를 미친 듯이 사랑하거나 증오
하게 만드는 강력한 힘이 있습니다. 에로스는 이 가공할 활로 엄
마 아프로디테의 일을 자주 돕는 효자입니다.

세 여신의 미를 판정할 때 목동이었던 파리스는 신분이 밝혀
져 트로이의 왕자가 되었고, 스파르타로 가는 사신으로 발탁됩
니다. 그의 누이 카산드라가 극렬하게 반대했지만 소용없었지
요. 파리스가 스파르타에서 헬레네를 마주했을 때 아프로디테는
파리스와의 약속을 지킵니다. 에로스의 황금 화살이 헬레네의
심장을 맞추어, 헬레네는 파리스를 열렬히 사랑하게 됩니다. 큰
문제는 위에서 말한 것처럼 헬레네는 메넬라오스에 구혼받아 이
미 결혼하여 자녀까지 있는 유부녀라는 점입니다. 에로스의 화
살은 너무도 강력하여 조국, 남편, 자녀까지 버리고 파리스를 쫓
아가게 만듭니다. 파리스는 헬레네를 트로이 왕국으로 데려감으
로써 생길 재앙을 염려치 않았습니다. 예언 능력이 있는 누이 카
산드라가 즉각 헬레네를 돌려주어야 한다고 했으나 이 말도 받
아들여지지 않았어요. 메넬라오스와 헬레네의 결혼이 파국을 맞
았으니 옛 맹세에 따라 헬레네에 구혼한 그리스의 모든 영웅들
이 스파르타의 메넬라오스를 도와 트로이 전쟁에 참전할 수밖에
없었습니다.

이렇게 그리스-트로이의 긴 전쟁이 시작됩니다. 이 전쟁을 다

　　　　　　　　신화를 길어다 과학을 지었다

룬 책이 호메로스의《일리아스》입니다. 우리가 잘 아는 트로이 목마가 이 전쟁을 종결짓는 그리스군의 최후의 전략이죠. 트로이 목마 전략은 성공하여 그리스 연합군은 승리하고 트로이는 잿더미가 됩니다. 트로이를 멸망시킬 거라는 신탁 때문에 버리기까지 한 아기 파리스가 결국 정말 트로이를 멸망시키게 됩니다. 정해진 운명을 피하려 애써도 결국 피할 수 없는 숙명을 맞는 오이디푸스를 연상시키는 장면입니다.

◆ 가장 아름다운 여신에게 황금 사과를

황금 사과 사건은 에리스가 느낀 소외감과 분노로 사건이 시작됩니다. 많은 하객이 와서 축하와 덕담으로 신랑, 신부의 행복한 앞날을 축복하는 의례가 결혼식이죠. 신랑 신부 측 가속이라면 이런 자리에 갈등을 일으키는 말썽꾸러기인 불화의 여신 에리스를 초대하고 싶지 않았을 겁니다. 불화의 여신답게 평소 본인이 수없이 문제를 일으켰으니, 인과응보라고 여겨야 할 터이지요. 그러나 에리스는 자신을 객관적으로 보는 시각이 부족한가 봐요. 스스로를 돌아보기보다 초대받지 못한 소외감에 젖어 분개합니다. 그래서 본인의 특기를 살려 불화의 씨앗을 결혼식장에 심습니다. '가장 아름다운 여신에게'라는 메모와 함께 황금 사과를 탁자에 몰래 놓아둡니다. 결혼식장에 그런 메모가 황금 사과와 함께 놓인다면 당연히 신부에게 줘야 하지 않을까요? 결혼식의 주인공은 신부이고, 아름다운 사람을 비유적으로 '여신'이라고도 부르니까요. 심지어 신부인 테티스는 진짜 여신이기도 하니까요.

그렇게 그날의 주인공인 신부 테티스에게 황금 사과를 주었다면 해피엔딩이 되었을 일입니다. 에리스는 불화의 여신이 아니라 신부를 센스 있게 축하한 축복의 여신이 되었겠죠. 하지만 노련한 에리스는 그렇게 되지 않을 거라 확신하고 한 행동이겠지요. 에리스는 불화를 일으키는 욕망이라는 감정의 결을 잘 알았습니다. 에리스의 의도대로 황금 사과는 폭풍을 일으키는 나비의 날갯짓이 됩니다.

여신들이 제시한 선물이 인상 깊습니다. 헤라는 재물과 권력, 아테네는 지혜와 전쟁 승리, 아프로디테는 아름다운 배우자를 약속합니다. 대부분의 사람이 바라는 것들입니다. 왜 인간 대부분은 이런 욕망을 품고 있을까요? 만약 우리에게 선택하라고 하면 보통 아프로디테가 아닌 헤라와 아테네를 택할 가능성이 높습니다. 헤라와 아테네의 선물이 워낙 엄청나 아프로디테의 것

     신화를 길어다 과학을 지었다

이 하찮게 느껴질 정도입니다. 그런데 진화심리 측면에서 본다면 파리스는 현명한 선택을 하였습니다. 왜 그렇게 볼 수 있을까요? 인간의 욕망과 파리스의 선택에 대한 위의 두 물음에 대한 답을 차근차근 알아보려 합니다. 인간은 동물로서 다른 동물과 많은 점을 공유하지만 다른 동물과 무척 다른 외면과 내면을 지닌 이유도 답의 끝에서 깨달을 수 있는 흥미로운 여정이 될 겁니다.

◆ 이티보다 타조가 더 외계인 같은 이유

E.T.는 영화에 등장한 유명한 외계인입니다. 스티븐 스필버그 감독의 SF 영화 〈E.T.〉의 주인공 외계인에 붙은 이름입니다. 외계의 생명체인 만큼 인간과는 많이 다른 모습으로 그려져 많은 사람에게 놀라움과 신비감을 주었습니다. 그런데 곰곰이 생각해 보면 이티는 인간과 무척 닮기도 했습니다. 둘 다 직립 보행을 하고 팔다리가 둘씩 있으며, 몸체는 좌우 대칭을 이루고 있습니다. 눈이 둘이며 눈꺼풀이 있고 코와 콧구멍의 수와 위치도 인간과 별 차이가 없습니다. 이티는 다리가 무척 짧고 무릎 관절이 없으며 네 손가락이 무척 길다는 점에서 인간과 다르지만 어깨, 팔, 손가락 관절, 뼈와 살의 역할과 위치가 비슷합니다. 즉 이티

는 인간의 관점이 많이 반영된 외계인의 모습이에요. 이렇게 인간과 닮았기에 관객이 이티에 거부감을 덜 느끼고 친근감을 느꼈다고 할 수 있죠. 이티가 타조와 닮았다면 아마 영화는 실패했을 거예요. 타조, 해파리, 불가사리, 문어, 오리너구리를 외계인이라 가정해 보세요. 이티보다 훨씬 괴상하지 않나요?

그런데 외계인도 아닌 같은 지구 행성에서 자란 위 생명체들인데도 우리와 왜 이렇게나 서로 다를까요? 답은 다윈이 찾아냈습니다. 환경에 잘 적응하여 오래 생존하게 하는 유전적 특성은 후대로 이어지는데, 그런 변화가 누적되면 본래의 종과 교배할 수 없는 새로운 종이 나타납니다. 다윈은 자연선택으로 종이 분기한다고 보았습니다. 38억 년에 걸쳐 이 과정의 반복으로 초기 생명체에서 끊임없이 멀어졌으니 생물종이 서로 매우 다른 게 당연하겠습니다. 그런데 다윈의 초기 답으로는 기린의 긴 목, 공작의 화려한 눈꼴 무늬 꽁지, 순록의 거대한 뿔을 설명하기가 쉽지 않습니다. 인간의 너무 큰 뇌도 마찬가지고요. 이 생물들의 가장 눈에 띄는 특징은 의외로 생존에 기여하는 바가 적다는 점입니다. 이것은 진화론에 대한 의구심이 들게 합니다. 놀랍게도 다윈은 오랜 시간의 고심 끝에 이 문제 또한 해결합니다. 그가 찾은 답은 성선택에 의한 진화입니다.

  신화를 길어다 과학을 지었다

큰 뇌를 발판 삼아 지능, 언어, 도덕성, 예술적 능력을 발달시킨 인간은 친척 유인원과도 확연히 다른 유별난 모습입니다. 얼핏 생각하기에 인간이 고도의 지능을 가지게 된 까닭은 너무도 당연해 보입니다. 우린 진화론을 알고 있으니까요. '더 높은 지능을 가질수록 더 오래 잘 살아남았고 그 유전자가 후손에 이어져 점점 더 고도의 지능을 가지게 되었다.'라고 설명하면 깔끔하지 않을까요? 문제가 있습니다. 더 높은 지능이 생존에 더 유리하다면 왜 다른 동물들은 그렇게 진화하지 않았을까요? 오늘날의 많은 생물종은 낮은 지능으로도 환경에 훌륭하게 적응하여 생존에 성공하였습니다. 개미, 달팽이, 불가사리의 낮은 지능이 번성에 장애가 되었나요? 오히려 1.4kg밖에 안 되면서 에너지의 20%나 사용하는 인간의 뇌가 무척 비효율석으로 평가받을 수도 있습니다. 높은 지능의 뇌는 좋지만 그런 뇌를 만들고 유지하는 데는 그만한 비용이 듭니다. 그래서 통념과는 달리 어느 수준 이상의 지능이 생존에 더 유리한 건 아닙니다. 그렇다면 인간의 뇌는 왜 발달했을까요?

다윈은 공작의 꽁지를 보면서 괴로워했습니다. 다윈이 괴로워한 이유는 이렇습니다. 다윈은 생명체에 유별나게 도드라진 기관은 생존상의 이득 때문에 존재한다고 여겼습니다. 생명이 적응상 이득을 취하는 쪽으로 끊임없이 진화하기에 종이 분화하며, 그 과정에서 그 종만의 독특한 기관을 가지게 된다고 보았지요. 그런데 아무리 봐도 공작의 꽁지는 생존에 이득이 되기는커녕 방해가 되는 걸로 보였거든요. 유지하기도 힘들고 포식자의 표적이 되기도 쉽지요. 오랜 고민 끝에 다윈은 공작의 꽁지는 생존상의 이득이 아니라 번식상의 이득 때문에 존재함을 밝혀냅니다. 유성생식을 하는 생명체는 원하는 이성과 짝으로 맺어지기 위해 큰 비용을 투자합니다. 수컷 바다사자가 몸집을 암컷의 두 배나 되도록 키우는 것도, 수컷 바우어새(bowerbird, 정자새)가 알록달록하게 꾸민 아름다운 쉼터를 오랜 시간 공들여 만드는 것도 짝의 선택을 받기 위해서입니다. 6장에서 말한 것처럼 수컷과 암컷은 정자 및 난자 생성 및 양육에 투자하는 비용이 상이합니다. 그 때문에 주로 수컷은 자신의 우수함을 과시하고 암컷은 그 우수함을 판별하여 선택합니다. 비유하면 수컷은 광고판이고 암컷은 광고를 판별하여 선택하는 고객이지요. 이 과정에서 선택하고 선택받는 부모의 유전자는 자손에게 전해지므로 급속한 속도로 진화가 일어납니다. 즉 공작의 꽁지 무늬는 이 과정에서 점점 더 화려하고 정교해진 거예요.

인간은 어떨까요? 인간은 공작, 바다사자, 바우어새와 달리 지위, 평판, 지능, 예술적 자질, 언어 능력 등이 적응상의 훌륭함을 드러내는 지표입니다. 그래서 이 자질이 우수함을 드러내야 번식의 자연선택 시장에서 성공할 수 있었죠. 수컷 바다사자와 수컷 공작은 그 모습이 암컷과 매우 다릅니다. 다른 수컷과의 경쟁에서 이겨야 하고, 암컷이 짝을 고를 때 선택받아야 하기 때문이지요. 그런데 왜 인간은 남자가 여자보다 압도적으로 몸이 크고 지능이 높지 않고 서로 엇비슷한 걸까요? 세 가지 이유가 있습니다. 인간은 여자가 일방적으로 짝을 선택한다기보다 쌍방적 선택 성향이 강하다는 점, 유전자는 암수를 가리지 않고 유전된다는 점, 지능이 높은지 알려면 판별자의 지능도 높아야 한다는 점 때문입니다. 이런 자질의 우수함을 드러내거나 판별하는 데는 일반적으로 지능이 높을수록 유리합니다.

그러므로 공작의 상징인 눈꼴 무늬 꽁지가 그런 것처럼 인간의 상징인 높은 지능과 심오한 마음이 성선택에서 비롯한 것일 수 있다는 놀라운 결론에 이릅니다. 그리고 털 없는 몸, 평균 신장의 상승, 직립 보행 또한 짝 고르기로 인한 진화와 연관 지어 생각해 볼 수 있습니다. 오직 성선택만이 원인은 아닐 수 있으나 성선택의 작용은 이와 같은 진화를 빠르게 가속화할 수 있습니다. 다윈은 참으로 시대를 앞서갔습니다!

우리는 대부분 더 높은 지위, 더 많은 재화, 더 높은 명예, 더 뛰어난 지적 능력을 원합니다. 이런 욕망은 성선택의 관점에서는 너무도 당연합니다. 더 많은, 더 이상적인 짝과 만날 확률을 높이는 자질이기 때문이에요. 이런 욕망을 추구하는 유전자를 보유한 개체의 후손은 번성했고, 이런 욕망으로부터 초연한 유전자를 소유한 개체는 후손의 수가 적어 진화의 시간 속에서 점점 자취를 감추었습니다. 우리는 이런 욕망을 지녔던 조상의 후손입니다.

이렇게 보면 헤라, 아테나, 아프로디테의 약속이 잘 이해됩니다. 인간의 가장 강한 욕망을 선물했으니 누구라도 혹할 수밖에 없지요. 상대적으로 볼품없는 아프로디테의 선물을 택한 파리스는 가장 어리석은 선택을 한 듯 보이지만 성선택의 관점에서 보면 현명하다 할 수 있습니다. 왜냐하면 성선택에서 권력, 소유물, 명예, 지능은 더 이상적인 짝을 얻으려는 욕망을 이루기 위한 도구이기 때문입니다. 그렇기에 파리스는 도구가 아니라 그 도구로 이루려는 목적을 직접적으로 택했다고 할 수 있어요. 신화가 시대를 앞서간 걸까요?

8.

개미 전사의 이타적 유전자

[미르미돈 × 이타성]

"시계를 바꿉시다. 제 시계는 앞으로 몇 시간밖에는 쓸 일이 없으니까요."

◆ 벌통 위의 여포, 장수말벌

개미와 벌만큼 충성스러운 생물은 없습니다. 여왕벌과 여왕개미를 위해 당연하다는 듯이 목숨까지 내놓곤 합니다. 어릴 때 이것을 목격했을 때 왜 저럴까 의아했어요. 열 살쯤 먹었을 때 아버지가 벌통을 두 개 얻어 꿀벌을 키우려 했습니다. 썩 내키지 않았어요. 양봉하던 사촌 집에서 벌통에 모아 둔 꿀을 꺼낼 때 멋모르고 그 옆을 지나다 화난 꿀벌에게 쏘인 적이 한두 번이 아니었거든요. 볼이 호빵맨처럼 부어올라 며칠을 고생하곤 했습니다. 벌이라는 말만 들어도 볼에 열이 나는 듯했지요. 그래도 벌을 키우면 꿀을 계속 얻을 수 있다 하니 기대감 또한 있었습니다. 문제는 가끔씩 제게 주어지는 임무였어요. 우리 동네에선 '대코벌'로 불렸던 장수말벌이 침입하면 부모님이 막대기로 쫓아내곤 했는데 농사일로 바쁠 때는 그걸 저한테 떠넘겼어요.

장수말벌은 무법자이자 잔혹한 학살자였습니다. 두세 마리만으로 두 통의 벌집을 쑥대밭으로 만들었지요. 꿀벌이 무수히 덤벼들었지만 일개 병졸 몇이 여포를 대적하는 것 같았어요. 장수말벌과 맞닿는 순간 꿀벌은 땅바닥으로 직행했어요. 장수말벌은 달려드는 벌을 모조리 제압하고는 기어이 벌통 출입구로 들어가는 데 성공합니다. 꿀벌이 모아 둔 꿀로 파티를 벌이는 것 같았지요. 벌통 앞에는 떨어진 꿀벌이 꼬물꼬물 기어다녔습니다. 장수말벌에 물린 것인지, 아니면 내장과 연결된 자기 독침을 쏘아버려서인지 날지를 못하고 기어다니다 얼마 안 가서 다 죽었어요. 지금 생각해 보니 총 든 강도를 맨손으로 잡으라는 격이었네요. 어쩔 수 없이 시키는 대로 '총 든 강도'에게 용감하게 돌진했는데도 독침에 쏘이지 않았으니 그나마 운이 좋았습니다.

그런데 체급 차이도 크고 전투력 차이도 커서 순식간에 몰살당하는데도, 무리를 지키기 위해 망설임 없이 계속 돌진하는 꿀벌의 행동은 의아합니다. 동물이 이 정도로 이타적일 수 있는 걸까요? 개미 또한 마찬가지예요. 여왕개미를 중심으로 마치 한 몸처럼 행동합니다. 그리스 신화에는 이와 같은 개미가 변한 인간이 있습니다. 미르미돈이라 불린 이들은 개미처럼 죽음도 두려워하지 않고 자신의 목숨까지도 왕과 집단을 위해 희생할 각오로 무장했기에 최강의 군대였습니다.

◆ 개미 전사 미르미돈

크레타섬의 미노스 왕은 아들 안드로게오스가 아테네에서

죽음을 맞은 책임을 아테네에 물었다. 강력한 군대와 막강한 전함을 소유한 미노스 왕은 아테네를 불바다로 만듦으로써 아들의 복수를 완수하겠다는 집념이 불타오르고 있었다. 이에 아테네는 사신 케팔레스를 보내 과거의 동맹국 아이기나 왕의 원조를 구하려 했다.

아테네의 사신 케팔레스는 아이기나의 왕궁으로 향해 걸어갔다. 아테나 왕의 밀지가 가슴속에서 바스락거렸다. 아테나의 상징인 올리브 나뭇가지를 들고 길을 지나자 아이기나인들이 쳐다보았다. 왕궁에서 알현한 아이아코스 왕의 눈은 깊었고, 낮은 목소리로 말하는데도 힘이 있었다. 케팔레스는 크레타의 미노스 왕이 아테나를 침범하여 유린하려 한다는 조짐을 전하며, 아테나와 아이기나의 조상들이 맺은 동맹을 상기시켰다. 그러나 아이기나 왕이 원조해 줄 거라고 큰 기대는 하지 않았다. 이미 국제 관계는 과거의 의리보다는 현재의 실리에 따라 움직였으니까.

"아테네의 친구들이여, 내게 도움을 요청할 게 아니라 필요한 것을 거두어 가시오. 이 섬의 군사는 모두 그대들의 군사라 해도 어긋남이 없고, 이 땅의 재물은 모두 그대들의 재물이라 해도 허물이 아니오. 여기에는 군대가 얼마든지 있소. 신들의 도우심을 입어, 우리나라는 지금 탄탄대로를 걷는 중이오. 그대와 우리의 동맹은 피로 맺은 것과 진배없어, 굳기가 바위와 같으니 염려하지 마시오."

의외의 말에 케팔로스는 놀랄 수밖에 없었다.

'실익이 아니라 의리를 우선시하는 지도자라니…'

아이기나 왕의 깊은 눈이 이해되었다.

"뭐라고 감사의 말씀을 올려야 좋을지 모르겠습니다. 아이기나의 도움으로 이 위기를 극복한 후 언제까지나 아이기나 곁에서 함께하겠습니다. 오늘 올리브 가지를 들고 여기로 올 때 젊고 강건한 젊은이들을 보며 마음이 흐뭇했습니다. 이들과 함께 싸운다면 우리가 반드시 승리하리라는 믿음이 들었습니다. 하나 의아한 것은 지난번에 저를 환영해 주던 청년들은 섞여 있지 않더군요. 무슨 연유가 있는지요?"

"지금의 평화와 영화는 이루 말할 수 없는 고통 뒤에 이루어진 일입니다. 나는 최고신 제우스와 어머니 아이기나 사이에 태어난 아들입니다. 이 나라의 명칭이 아이기나인 이유는 저의 어머니 아이기나를 기리기 위함이지요. 그런데 바람피운 남편에 대한 헤라 여신의 분노의 불덩이는 연적인 아이기나의 이름을 딴 이 나라에 떨어졌습니다. 이 나라에 몹쓸 병이 퍼졌습니다. 호수와 저수지는 치명적인 독물에 더럽혀졌습니다. 수천 마리나 되는 뱀이 강에 독물을 풀어놓았지요. 역질이 시작되었어요. 개들이 죽고, 새들이 죽고, 소 떼와 양 떼, 들짐승이 죽어 갔지요. 사람들은 열을 내며 앓기 시작해서, 혀가 붓고 숨을 헐떡거리다가 죽음에 이르렀어요. 치료가 되지 않았지요. 병자에 가까이 다가가는 사람은 병을 옮기고는 본인도 죽어 갔어요. 도시 밖으로 실려 나가지 못한 관이 많았는데, 너무 관이 많아 성문을 다 통과 못 해서였습니다. 나는 이 저주받은 재난에 하도 기가 막혀 하늘을 향해 외쳤습니다.

'제우스 신이여, 신께서 강의 신 아소포스의 딸 아이기나를 아끼셨다면, 또 저처럼 못난 이도 아들로서 부끄럽게 여기지 않으신다면, 제 백성을 살려 주시거나 저 역시 백성들과 한 무덤에 묻히게 하소서.'

그랬더니 제우스 신께서는 천둥과 번개로써 화답하여 제 기도를 듣고 있다는 징표를 보여 주셨지요. 그때 개미 떼가 곡식을 한 알씩 물고 줄지어 참나무 껍질 사이로 난 길을 따라가고 있었어요. 나는 그 수가 엄청나게 많은 것을 보고 중얼거렸습니다.

'아, 아버지 신이시여, 저렇게 많은 신민을 제게 내리시어 이 텅 빈 나라를 다시 채우게 해 주소서.'

　　　　　　　　신화를 길어다 과학을 지었다

그랬더니 바람 한 점 없는데도 큰 참나무가 흔들리더군요. 그날 밤 꿈에서 낮에 보았던 참나무의 개미들을 보았어요. 그런데 개미가 땅바닥으로 떨어지면서 벌떡 일어섰어요. 몸은 불어나고 사지는 사람을 닮아 가더군요. 잠을 깼을 때 밖에서 두런두런 사람들의 이야기 소리가 들렸어요. 참으로 오랜만에 들어 보는 소리였지요. 밖으로 나갔을 때 꿈속에서 본 것과 똑같은 사람들이 있었습니다. 내가 다가가자 이들은 신민의 예를 갖추었습니다. 나는 이들을 미르미돈이라 부르기로 했어요. 이들의 품성은 개미를 빼닮았습니다. 힘든 일도 잘 견디고, 한번 얻은 것은 잃지 않습니다. 성실하여 재화를 부지런히 모읍니다. 적도, 죽음도 두려워하지 않고 하나같이 용감합니다. 왕의 어떤 명령이든 충성스러운 자세로 받들지요. 이런 사연으로 그대가 예전에 보았던 이들은 없고, 미르미돈이 그대를 환대하게 된 겁니다. 이들이 그대를 따라가 용맹을 떨칠 겁니다.”

우리나라에는 쑥, 마늘 먹고 사람이 된 곰이 있는데, 그리스 신화에는 기어가다가 사람이 된 개미가 있었습니다. ‘개미보다는 곰이 인간과 유전적으로 더 가까우니 우리가 이긴 걸까요? 웅녀는 왕의 어머니인 데 비해, 미르미돈은 백성 집단이니 계급의 차이에서 우리가 이긴 것 아닐까?’라고 장난스러운 생각도 해 봅니다. 두 이야기의 구성을 비교해 볼 수 있겠습니다. 단군신화는 곰이 사람이 되려는 욕망과 목적 달성을 위한 인내의 과정이 있으나 위 신화에는 그러한 내용이 없다는 점에서 단군신화의 손을 들어 주고 싶네요. 두 이야기는 작명 면에서 유사합니다. 단군신화에서는 곰이 여자로 변했으므로 곰 여인, 즉 웅녀(熊女)라 불렀고, 그리스 신화에서는 개미가 사람으로 변했으므로 개미를 뜻하는 그리스어 미르메크스에서 미르미돈이라는 이름 지었습니다. 동서양이 달라도 서로 비슷한 생각을 많이 해 신기합니다.

◆ 아리아드네의 사랑

5장에서 테세우스가 미궁 라비린토스에 들어가 미노타우로스를 없애고 무사히 탈출했다는 이야기를 하였습니다. 그런데 아테네 왕 아이게우스의 아들인 테세우스가 크레타섬의 미궁까지 왜 갔을까요? 위 이야기와 관련이 있습니다. 크레타의 군주 미노스는 아들 안드로게오스를 잃어 극심한 슬픔과 분노를 느낍니다. 아테네에서 아들이 죽었기에 그 책임을 아테네에 물어 전쟁을 일으킵니다. 미르미돈의 도움도 너무 큰 힘의 차이를 뒤집을 순 없었습니다. 아테네는 굴복하여 9년마다 젊은 남녀 7명씩을

 신화를 길어다 과학을 지었다

공물로 크레타에 바치게 됩니다. 미노스 왕은 이들을 인간을 잡아먹는 골칫거리 미노타우로스의 먹이로 삼아 미궁 속으로 보냅니다. 미노스 입장에서는 일석이조의 효과가 있었어요. 인간 제물을 바침으로써 아테네에 복수도 하고, 아들이지만 숨겨야 하는 괴물이 난동 부리지 않게도 했으니까요. 테세우스는 이 상황을 해결하기 위해 자진해서 제물이 된 남녀 속에 섞여 미궁으로 들어갔던 겁니다. 미노타우로스를 처치하고 아리아드네의 도움으로 미궁을 무사히 탈출해 모든 일이 순조롭게 진행됩니다.

물론 순조롭다는 것은 테세우스 입장이고, 미궁을 설계했던 다이달로스는 그렇지 않았어요. 이로 인해 아들 이카로스와 함께 미궁에 갇히는 처벌을 받습니다. 미궁을 탈출할 수 있는 실로써 테세우스를 도와주었던 아리아드네의 입장에서도 일이 순조롭게 귀결되진 않았습니다. 아리아드네는 부모님 몰래 테세우스를 따라 아테네로 가려 했지만 낙소스섬에서 테세우스와 헤어집니다. 왜 헤어졌는지에 대한 기록은 다양합니다. 아리아드네에게 반한 디오니소스가 테세우스를 두고 떠나게끔 꾸몄다는 전승이 있습니다. 또 테세우스에게 배신당했다는 기록도, 섬의 동굴에서 잠든 아리아드네를 테세우스가 깜빡하고 출항했다는 이야기도 있습니다. 아무리 그래도 생명의 은인이자 결혼을 약속한 여인이 배에 있는지 없는지도 모르고 출항할 수 있을까요? 테세우스에 반한 아리아드네는 자신을 아내로 맞이하여 아테네로 데려간다면 미궁 탈출을 도와주겠다 하였고, 테세우스는 그러겠다고 맹세했었습니다. 테세우스가 아리아드네를 진심으로 사랑하지 않고 미궁 탈출을 위해 아리아드네의 사랑을 이용했을 수 있습니다. 그래서 사랑의 감정이 없는 테세우스가 일부러 아리아드네가 잠들었을 때 배를 띄운 것으로 보기도 합니다. 이렇게 테세우스와 헤어진 아리아드네는 이 섬에서 포도주의 신 디오디소스를 만나 결혼합니다. 이렇게 보면 아리아드네의 삶이 평탄하지 않네요. 한 나라의 공주가 원수의 나라 왕자에 사랑에 빠져 탈출했다가 섬에 혼자 남겨진 뒤 신과 결혼하는 인생 역정의 파노라마입니다.

◆ 경제학으로 진화론 엿보기

경제학은 개인이나 기업 등 모든 경제 주체가 합리적이라고 가정합니다. 이때 '합리적'이라는 말은 자기의 이익만을 챙기는 데만 관심을 기울인다는 의미예요. 이러한 합리적 인간 개념을 창조한 인물은 공리주의를 주창한 제레미 벤담입니다. 벤담이 상정한 합리적 인간은 자기의 쾌락을 추구하고, 자기의 고통

신화를 길어다 과학을 지었다

을 회피하려 해요. 이는 진화론과 유사한 지점이 있습니다. 생물체도 유전단위가 스스로의 이득을 취하고 손해를 피하는 '합리적인' 행위를 할 때 자연선택의 작용으로 더 많이 번성하기 때문입니다. 이때 생명체의 이득과 손해를 판별하는 기준은 자기복제자가 얼마나 많이 복제할 수 있느냐예요. 즉 복제자의 사본 수가 증가하느냐 감소하느냐이죠. 그런데 이 전제와 다른 양상을 보여 다윈을 고심하게 만든 생물이 있었습니다. 과도하게 화려한 눈꼴 무늬 꽁지를 가진 공작과 침입자가 나타나면 자신의 목숨을 버리면서까지 맞서 싸우는 희생정신을 지닌 개미가 그것입니다. 공작의 화려한 꽁지는 포식자에게 눈에 띄기 쉽기에 개체에 치명적인 피해를 입힐 수 있습니다. 자신의 목숨까지 바치는 개미는 개체 자체의 행복이나 후손 증가에 악영향을 끼칩니다. 이는 위에서 언급한 '합리적 행동'과는 거리가 멉니다. 환경에 잘 적응한 생물이 생존하여 번영한다는 다윈의 이론에 위배되는 현상으로 보이죠. 어떻게 이해해야 할까요?

앞에서 한 번 이야기했었죠? 공작의 꽁지는 성선택으로 설명이 됩니다. 성선택이란 짝짓기에 성공하여 자손을 많이 낳은 유전자는 번성하고 그러지 못했을 경우에는 도태되는 것을 말합니다. 수컷은 짝짓기 대상으로부터 선택받기 위해 신체적 특징을 과시하고, 적극적으로 구애하는 양상을 보입니다. 화려한 꽁지는 스스로가 우수한 특질을 가졌음을 과시하는 역할을 한다고 볼 수 있습니다. 거추장스럽고, 포식자의 눈에 띄는 꽁지깃을 가지고도 생존해 있다는 점에서 자기의 우월한 유전자를 광고하고 있다는 의미이죠. 그러면 당장의 생존에는 불리하더라도 번식에 크게 성공하여 자신의 유전자를 많이 퍼뜨릴 수 있습니다. 암컷 공작이 화려한 꽁지를 선호하는 공작 사회에서 투박한 꽁지를 가진 수컷 공작은 포식자로부터 안전할지는 몰라도 번식에는 성공하기 어렵습니다. 그래서 자신의 유전자의 대물림에 실패할 확률이 높기에 투박한 꽁지 유전자는 세대를 거듭할수록 더욱 도태될 겁니다.

그런데 개미의 일꾼은 생식을 담당하지 않기 때문에 이 같은 성선택과도 관련이 없습니다. 생물은 자신이 가진 유전자를 더 많이 퍼뜨리려는 행위를 하도록 진화했습니다. 그렇기에 스스로 생식하지 않으면서 여왕개미의 알을 정성 들여 키운다는 점에서 일개미는 아이러니한 존재입니다. 일개미는 왜 스스로 새끼를 낳지 않는 걸까요? 개미 사회에 대해 조금 더 생각한 후 답을 찾아봅시다. 그 답은 인간 사회를 바라보는 통찰력도 줄 겁니다.

　신화를 길어다 과학을 지었다

히틀러는 국가의 존립과 발전을 위해서 국민 개개인이 존재한다고 생각했습니다. 그래서 독일 제국의 영화를 위해 개인은 자유를 억압하고 국가에 충성해야 함을 천명했어요. 그는 전체주의 사회를 꿈꾼 겁니다. 이 사회에서 개인은 존재 자체로 존중받는 것이 아니라 집단의 이익에 기여함으로써 존재 의미를 가진다고 보았죠. 전체주의 사회에서 국민은 동등하지 않습니다. 대중은 손, 발 등과 같이 하나의 기관과 같은 존재로 두뇌의 명령을 따라 부여받은 일을 수행해야 하고, 몸이라는 전체의 생존과 번영에 기여해야 합니다. 히틀러는 국민을 '교화'시켜 본인이 생각한 이상 국가를 건설했습니다.

개미 왕국은 히틀러가 이상시한 극단적인 전체주의 사회에 가깝습니다. 개개의 개미는 자신의 이익을 내세우지 않고 전체를 위해 자기의 직분을 다합니다. 병정개미는 죽음에 대한 조금의 두려움도 없이 돌격하고 닥치는 대로 살육하다 죽음을 맞습니다. 오스트레일리아 사막에 사는 꿀단지 개미는 진디로부터 얻은 꿀을 모아 저장했다가 양식이 부족할 때 꺼내 먹습니다. 놀랍게도 꿀의 보관 장소는 일개미의 몸통이에요. 일개미 중 몸집이 큰 것들이 천장에 거꾸로 매달린 채로 동료들이 먹여 주는 꿀을 받아 뱃속에 저장해요. 배가 거대한 풍선처럼 부푼 상태로 일생을 천장에 매달린 꿀 저장통으로 살아갑니다. 꼼짝도 못하는 꿀통이 돼서 배고픈 동료가 오면 자동 꿀 ATM기처럼 꿀을 건네줄 뿐이에요. 어떻게 이렇게까지 희생할 수 있을까요?

천장에 매달린 꿀단지 개미

◆ 유전자가 뭐지?

이에 대한 답으로 가기 위해서는 유전자에 대해 알 필요가 있습니다. 유전자는 일정 길이의 DNA 조각입니다. 자신의 사본

    신화를 길어다 과학을 지었다

수 증가를 가장 우선시하는, 생물체에 장착된 프로그램 같은 존재죠. 여왕개미가 끊임없이 알을 낳는 행위, 어리거나 병든 얼룩말을 노리는 하이에나의 행동은, 그러한 행위를 불러일으키는 유전자를 더 번성시키는 데 기여합니다.

유전자는 목적의식을 가지지 않고, 직접 움직이지도 않습니다. 단백질을 만들어 낼 수 있는 정보를 담고 있을 뿐입니다. 자신의 복제품을 많이 만든 유전자가 오랜 세월 속에서도 살아남았기에, 유전자는 자신의 사본 수를 퍼뜨리는 일에 유능한 전문가입니다. 그래서 유전자는 마치 자신의 사본 수를 증가시키려는 욕망이 있는 것처럼 보입니다. 그 '욕망'을 잘 실현시켜 줄 몸체를 만들어 자연선택의 검투장에서 검증을 받습니다. 자연선택으로 생존과 번식에 성공적인 몸을 만든 유전자는 후대로 이어지고, 그렇지 못한 유전자는 그 몸과 함께 도태됩니다. 그렇기에 유전사에 의해 구성된 개개의 생물체는 생존과 번식에 몰두합니다. 개체는 생존하는 데 필요한 기능과 구조를 갖춘 생물체인데, 유전자의 관점에서는 유전자를 보호하고 전승할 수 있도록 몸을 제공하는 운반체로 봅니다. 즉, 개체는 유전자 전승이라는 목적을 성공적으로 달성하기 위한 도구의 역할을 합니다.

영국의 생물학자 윌리엄 해밀턴은 이타적 행동을 수학적으로 이해하기 위해 포괄 적합도라는 획기적인 개념을 도입했습니다. 기존에는 진화의 성공 지표로 '개체 적합도'라는 것만 고려되었어요. 개체 적합도란 개체가 낳은 자손의 수를 말합니다. A가 B보다 자손을 더 많이 낳았다면 A가 B보다 더 성공적으로 진화했다고 보는 시각입니다. 그러나 이 시각은 할아버지가 손주를 돌보거나, 이모가 조카를 양육하는 행위를 설명하기 어렵습니다. 개체 적합도만 따진다면 손주나 조카에 쓸 자원으로 자기 자식을 더 낳거나 더 잘 키우는 데 써야 합리적인 행위가 됩니다.

포괄 적합도란 직접적인 개체 적합도뿐만 아니라 양육 및 지원으로 향상될 혈연의 적합도 같은 간접적인 적합도까지 포괄적으로 고려하는 것을 말합니다. 포괄 적합도는 유전자의 관점에서 개체의 행위를 들여다봅니다. 포괄 적합도를 살펴보기 위해서는 유전적 근연도라는 개념을 알 필요가 있습니다. 유전적 근연도란 개체군의 평균적인 유전자 유사성에 비해 두 개체가 얼마나 더 유사한지를 나타내는 척도입니다. 인간을 예로 들자면 같은 인간이기에 우리의 유전자는 상당히 유사하지만 또 개인별로 차이가 나기에 일란성 쌍둥이처럼 다 같은 모습이 아닙니

　　　　　　　　　　신화를 길어다 과학을 지었다

다. 이 차이에 비해 혈연관계에서 유전자가 비슷한 정도를 유전적 근연도라 합니다. 일반적으로 유성생식을 하는 생물의 부모와 자식 간 유전적 근연도는 50%예요. 한 부모로부터 절반의 유전자를 물려받기에 50%이죠. 무성생식을 하는 생물이라면 부모와 자식 간 유전적 연관 관계는 100%가 돼요. 엄마와 유전자가 똑같기 때문이지요. 형제는 부모가 같기에 서로 유전적으로 가깝습니다. 유성생식을 하는 형제끼리는 평균적으로 50%의 유전적 근연도를 가집니다.

해밀턴은 개체는 포괄 적합도를 최대화하는 방향으로 행동할 것으로 보았습니다. 생판 남보다는 형제를, 사촌을, 조카를 돕고 보살피려 한다는 말이에요. 이 같은 행위로 유전자는 자신의 사본을 더 증가시킬 수 있습니다. 이로써 왜 자연에서 혈연으로 연결되지 않은 타 개체를 돕는 일은 드물고, 가족과 친척을 돕는 일은 흔한지 납득할 수 있습니다. 부모와 형제의 몸에는 자신과 같은 유전자들이 평균적으로 50% 비율로 들어 있을 것이기 때문입니다. 해밀턴은 이 같은 행동 경향을 수식화하여 설명했습니다. 이를 '해밀턴 규칙'이라 부릅니다.

$$rB > C$$

r은 유전적 근연도(genetic relatedness), B는 이타적 행동으로 개체가 얻는 이익(benefit), C는 이타적 행위를 하는 개체가 치러야 하는 비용(cost)입니다. 큰 비용을 치르는 행동을 하더라도 그 행위로 인해 나의 혈육이 얻는 이익이 내 손해보다 더 크다면 그 행위는 진화 과정에서 더 선택받는 행위가 된다는 말입니다. 해밀턴의 규칙은 생물학자 홀데인의 다음과 같은 말에서 잘 드러납니다.

"형제 한 명을 위해서 죽기는 싫습니다. 하지만 두 명 이상이면 괜찮지요. 사촌이면 여덟 명 이상이고요."

형제의 r은 2분의 1, 사촌의 r은 8분의 1이며, 본인의 r은 1입니다. 1에 해당하는 비용보다 큰 이득을 볼 수 있을 때에는 기꺼이 스스로를 희생할 수 있다는 말이에요. 해밀턴의 규칙으로 들여다보아야 이해할 수 있는 말입니다.

◆ 개미가 아마존 왕국이라고?

그런데 개미는 자식도 아닌 동료에게 왜 그토록 헌신적일까

 신화를 길어다 과학을 지었다

요? 꿀단지 개미 한 개체의 입장에서, 자신의 몸이 거대 꿀통이 되는 이타적 태도로 얻는 이득이 무엇일까요? 자신을 희생하여 여왕개미의 뜻을 따라 동료를 돕는 것보다 스스로 번식하는 것이 자신이 가진 유전자를 더 널리 퍼뜨릴 수 있지 않을까요? 개미의 행위는 해밀턴의 포괄 적합도를 적용해도 여전히 의문이 남습니다. 답은 개미의 독특한 번식 방법에서 찾을 수 있습니다.

우선 일개미의 동료들은 남이 아닙니다. 개미 왕국의 모든 자식 생산은 여왕개미에게 전적으로 맡겨져 있습니다. 관점을 달리 보면 왕국의 절대군주 여왕이 아니라 왕국의 존립을 위해 일평생 방에 갇혀서 쉴 없이 알만 낳아야 하는 자녀 생산 기계예요. 그렇게 보면 꿀단지 개미의 처지보다 크게 나아 보이지도 않습니다. 일개미 모두가 여왕개미의 자식인데, 놀랍게도 이들은 모두 암컷입니다. 즉 개미 왕국의 일개미는 모두 자매예요. 그리스 신화에 나오는 아마존 부족과 같은 사회가 개미 왕국입니다. 수개미는 수가 적으며, 차기 여왕개미와의 혼인비행 외에는 하는 일이 없어요. 차기 여왕에 정자 제공자로서의 역할만 할 뿐이죠.

그러므로 꿀단지 개미는 남이 아닌 가족에게 꿀을 주는 거예요. 이로써 어느 정도 개미의 이타성이 납득이 됩니다. 그러나 여전히 완전히 납득되지는 않습니다. 부모, 자식 간 유전적 근연도와 자매 간 유전적 근연도가 50%로 같다면 자기 자식을 낳고 돌보지 않고, 왜 일평생 독신으로 지내며 동료를 돕는지까지는 설명 안 되기 때문입니다. 개미의 독특한 번식 방법이 하나 더 있습니다. 여왕개미는 번식기에 수컷들과 교미하여 정자를 몸속에 저장해 둡니다. 여왕개미는 알을 낳을 때 이 정자의 사용 여부를 선택할 수 있습니다. 저장한 정자와 자신의 난자를 결합시킨 알은 암컷이 되고, 정자 없이 낳은 미수정란은 수컷이 됩니다.

◆ 개미 이타성의 비밀

대부분의 동물은 세포핵 안에 두 벌의 염색체를 가지고 있습니다. 그러나 수개미는 정자와의 결합 없이 오로지 난자만으로 만들어졌기에 한 벌의 염색체만 들어 있어요. 이로 인해 개미의 유전적 유사성은 다른 동물과 차이가 납니다. 한 남자의 생식기관 속 수많은 정자의 유전자는 다 다릅니다. 그러나 여왕개미의 배우자였던 수개미의 정자는 모두 같은 유전자로 구성돼 있습니다. 그래서 일개미는 아버지 유전자의 100%를 물려받고, 어머니인 여왕개미 유전자의 50%를 물려받습니다. 그래서 일개미 자매들 간에는 평균적으로 75%의 유전적 근연도를 가집니다. 이는 부모와 자식 간의 유전적 근연도보다 훨씬 높습니다. 일개미가 직접 자식을 낳아 기르는 것보다 여왕개미가 더 많은 자매를 낳도록 하고, 동료 자매를 돕는 것이 유전자 전승에 더 낫다는 결론에 이르게 됩니다. 포괄 적합도가 후자가 훨씬 높아, 자신의 유전자를 더 많이 퍼뜨릴 수 있기 때문입니다. 이로써 개미의 이타적 행위가 깔끔하게 설명됩니다. 유전자의 이기성이 개체의 이타적인 행위로 나타난 것입니다. 다른 동물이 보이는 일반적인 이타적 행위와 큰 차이가 난 것은 개미의 독특한 번식 시스템에서 기인하였습니다.

이처럼 '포괄 적합도'라는 개념은 동물의 이타적 행위를 설명하는 하나의 관점입니다. 유전자는 이기적이기 때문에 역설적으로 자신과 같은 유전자를 가진 개체를 도우려는 이타적 행위가 나타납니다. 이를 통해 부모가 자식에게 어찌 그리 희생적일 수 있는지, 할아버지, 할머니가 손주를 기꺼이 돌보곤 하는지를 이해할 수 있어요. 다른 부족보다 자기 부족을, 다른 지역보다 자기 고향을 더 아끼는 마음이 드는지도 이해할 수 있지요. 자기 부족과 자신이 사는 곳에 자신의 혈육이 있을 가능성이 높기 때문입니다. 나와 같은 유전자를 가졌는지 확인할 수 없기에 가까이 지내는 이를 돕는 마음이 생겼고, 그 마음이 커져 관계가 먼 이도 돕는 마음이 생겨난 것으로 볼 수 있습니다. 즉 인간의 이타성을 포괄 적합도를 확장하여 적용한 행위로 볼 수 있다는 말입니다.

인간은 혈연이 아닌 이들도 많이 돕고, 개인이 아닌 국가, 민족, 종교라는 상상적 공동체를 위해 자신을 희생하기도 합니다. 심지어 같은 인간이 아닌 다른 동물을 헌신적으로 돌보기도 하죠. 이는 포괄 적합도의 작용뿐 아니라 인간의 유전자가 뇌라는 고도의 자율성을 가진 마음의 연산 장치를 창조했기 때문이라 할 수 있습니다. 그래서 인간은 유전자가 추구하는 목적과 배치되는 행위도 많이 합니다. 인간은 유전자가 설정한 명령을 거부할 수도 있는 유일한 동물이라 하겠습니다. 조국을 위해 자신을 불사르는 너무도 이타적인 삶을 산 윤봉길 의사를 떠올려 봅니다.

◆ 윤봉길이 남긴 시계

"이 시계는 6원 주고 산 시계인데, 선생님 시계는 2원짜리이니 저와 바꾸어 주십시오. 제 시계는 앞으로 몇 시간밖에는 쓸 일이 없으니까요."

몇 시간 뒤 고문을 당하다 처형당하게 된다면 어떤 마음 상태일까요? 고통과 죽음을 오롯이 감당하는 자의 언어는 간결했습

 신화를 길어다 과학을 지었다

니다. 나라를 잃은 식민지의 청년이 택할 수 있는 삶의 선택지는 얼마나 될까요? 처자식까지 둔 윤봉길이 자기에게 남은 시간이 얼마 없으니 시계를 바꾸자는 말이 가슴 아프게 합니다. 스물다섯의 청년 윤봉길은 거사 후 일곱 달 만에 처형당합니다. 김구와 교환한 회중시계를 품속에 간직한 채 숨을 거둡니다.

1932년 4월 29일 상하이 훙커우 공원에서 일왕의 생일인 천장절 기념식이 거행되었습니다. 당시 일본은 상하이를 침략하여 점령한 상태였어요. 일본은 상하이가 중국령이 아닌 일본이 주인이 되었음을 대대적으로 선포하고 싶었지요. 그래서 일본의 육해군, 상하이 거류민 등 3만여 명이 참여하는 대규모 경축 행사를 기획합니다. 일본군 수뇌부가 대중 앞에 모습을 드러내기에 이 축하식이 일제 침략의 원흉을 한번에 처치하기 위한 절호의 기회이기도 했어요. 행사에 물병과 도시락 소지는 허용되었습니다. 윤봉길은 도시락 폭탄은 손에 들고, 물통 폭탄은 어깨에 멘 채로 기념식 단상에서 20미터 떨어진 곳에 자리 잡았습니다. 축하식에서 일본 국가인 기미가요의 마지막 구절을 부를 때 윤봉길은 4~5미터 앞으로 나가 힘껏 물통 폭탄을 던졌습니다. 단상에 조그마한 물통이 굴러갔고, 시라카와 대장 앞에서 강력한 폭발음이 났습니다. 성공했음을 직감한 윤봉길을 "조선 독립 만

세"를 외치고, 땅에 두었던 도시락 폭탄을 집어 들려는 순간 일본 경찰에 붙잡혀 구타당했습니다. 흔히 윤봉길 의사와 도시락 폭탄을 함께 떠올리는데, 실제 폭발로 의거를 성공시킨 폭탄은 도시락 폭탄이 아니라 물통 폭탄입니다. 윤봉길 의사의 이 한발의 폭탄으로 상하이에 파견된 일본군의 핵심 지도부는 사실상 괴멸되어 중국이 제안한 정전 협상을 받아들여 전열을 정비해야 했습니다.

의거는 성공했으나 처형을 피할 수는 없었습니다. 윤봉길 의사는 한 달도 채 지나기 전, 5월 25일에 사형 선고를 받았습니다. 그해 12월 19일 오전 7시 40분에 총살당합니다. 폭발의 파편에 맞아 중태에 빠졌던 시라카와 대장이 사망한 시각이었습니다. 마치 시라카와의 죽음에 윤봉길 의사를 순장시키려는 의도가 엿보입니다. 안중근 의사의 사형 집행도 이토 히로부미의 사망 시간인 오전 10시에 맞춰졌었습니다.

사형 집행 시간으로만 윤봉길 의사를 욕보인 것이 아니었습니다. 윤봉길 의사의 유해를 조선의 유족에게 보내지 않았습니다. 심지어 일본군부는 윤 의사를 묘지에 묻지도 않았습니다. 전사한 일본군의 유족이 드나드는 입구의 쓰레기를 버리는 곳에 암장하여 묘를 밟고 다니도록 했습니다.

 신화를 길어다 과학을 지었다

선서하는 윤봉길

스물다섯의 윤봉길에게 두 아들이 있었습니다. 아내와 어린 두 아들을 남겨 둔 그의 마음은 어떠했을까요? 두 아들에게 유언을 남겼습니다.

"너희도 만일 피가 있고 뼈가 있다면 반드시 조선을 위해 용감한 투사가 되어라. 태극의 깃발 높이 드날리고 나의 빈 무덤 앞에 찾아와 한 잔 술을 부어라. 그리고 너희는 아비 없음을 슬퍼하지 말아라. 사랑하는 어머니가 있으니. 어머니의 교양으로 성공한 자를 동서양 역사상 보건대 동양으로 문학가 맹자가 있고 서양으로 프랑스 혁명가 나폴레옹이 있고 미국의 발명가 에디슨

이 있다. 바라건대 너희 어머니는 그의 어머니가 되고 너희들은 그 사람이 되거라."

자신의 의거로 스스로 목숨을 잃기에, 아내는 남편을, 아이들은 아버지를 잃고 일본의 탄압에 시달릴 것임을 모르지 않았을 것입니다. 그럼에도 그는 가족의 희생과 본인의 죽음을 향해 발을 내딛습니다. 조국의 독립에 조금이라도 다가가기 위해. 이 같은 이타적인 희생의 심리적 기저를 진화생물학으로 일부분 접근할 수 있겠지요. 그러나 모두를 설명하기는 어렵습니다. 설명 여부를 떠나 그저 그의 죽음에 아파하고 슬퍼할 뿐입니다.

"대장부가 집을 떠나 뜻을 이루기 전에는 살아서 돌아오지 않는다."

윤봉길이 집을 떠나 만주로 갈 때 남긴 말입니다. 보통 이 말은 반드시 원하는 바를 이루겠다는 강한 다짐의 말로 쓸 뿐인데, 그는 말의 실제 뜻 그대로의 삶을 살았습니다. 그의 결의에 숙연해집니다. 원자의 작음을 알기에 그의 숨결의 일부는 우리 곁에 있을 수밖에 없습니다. 길을 걷다 그의 숨결과 그의 말과 그의 결기를 떠올립니다.

    신화를 길어다 과학을 지었다

III. 우리는 어디로 가는가?

9.

카산드라, 기후 위기를 예언하다?

최근 몇 년 동안 우리나라는 이전에 잘 겪지 못했던 물난리를 겪었습니다. 장마가 7월까지 이어지기도 하고, 폭우로 도로와 마을이 침수되고, 불어난 물에 가축이 헤엄쳐 탈출하기도 했으며, 산사태로 집과 도로가 매몰되었습니다. 중부지역에 엄청난 비가 내려 수도권 곳곳의 도로, 집, 차 등이 침수되었습니다. 침수된 집에서 미처 빠져나오지 못해 일가족이 목숨을 잃은 비극도 있었습니다. 옛날보다 더 수해에 안전하도록 도로와 건물을 짓고, 빗물 처리 시설을 확충했는데도 왜 이렇게 피해는 더 커졌을까요? 기후가 이상하게 변했기 때문입니다. 이를 우연히 발생한 '날씨'로만 생각해서는 안 됩니다. 기후와 날씨는 다릅니다. 날씨는 우리가 직접 경험하는 시시각각으로 변하는 기온, 습도, 강수, 바람 등을 말합니다. 세계기상기구는 기후를 '통계적으로 유의미할 만큼 긴 기간에 나타나는 날씨의 통계'로 정의합니다. 기상학자는 날씨는 기분이고, 기후는 성품이라고 직관적으로 설명하기도 합니다. 최근의 심각한 수해는 날씨로만 치부할 게 아니라 기후의 범주로 살펴보아야 합니다. 우리나라만 겪는 현상도 아니기 때문입니다.

2022년, 중국도 극심한 가뭄을 겪어 양쯔강이 강바닥을 드러내기도 했습니다. 파키스탄에서는 폭우로 대홍수가 일어나 1천여 명이나 사망하고, 3천만 명의 이재민이 발생했습니다. 여름도 서늘해서 에어컨을 설치할 필요가 없던 유럽의 기온이 2023년에는 섭씨 50℃에 육박했습니다. 많은 사람들이 이 고온을 견디지 못하고 탈진하여 사망하였습니다. 사막 기후인 아프가니스탄에는 폭설이 내려 길을 다니기 어려울 정도로 눈이 쌓였고요. 2024년 미국은 기온이 영하 40도까지 떨어져 나이아가라 폭포까지 얼어붙었습니다. 이처럼 몇 백 년에 한 번 있을까 말까 한 재난들이 최근 세계 곳곳에서 연이어 일어나는 것이 단지 우연일 뿐일까요?

이는 지구의 기온 상승과 관련 있습니다. 이를 '지구 온난화', '기후 위기'로 부릅니다. '극심한 폭설과 한파도 옛날보다 자주 일어나니 지구 온난화와 관련 없지 않을까?'라고 생각하기도 합니다. 지구 온난화는 지구 전체의 평균 기온이 상승한다는 의미고, 폭설과 한파는 일부 지역에서의 기상 상황입니다. 지구 전체의 기온이 상승하면 일부 지역에는 폭설, 한파가 일어날 가능성이 커집니다. 지구 기온 상승으로 해류와 대기의 순환시스템이 뒤틀리면서 기후 이변이 발생하기 때문입니다. 영화 〈투모로우〉가 이 같은 상황을 다룹니다. 급격한 지구 온난화로 인해 남북극의 빙하가 녹으면서 바닷물이 차가워집니다. 그래서 해류의 흐름이 바뀌게 되어 지구 전체가 빙하로 뒤덮이는 재앙이 닥친 세계가 영화의 배경입니다. 영화의 본래 제목은 '더 데이 애프터 투모로우(the day after tomorrow)'였어요. 모레 지구에 빙하기 같은 대재앙이 일어난다는 의미의 제목이에요. 그런데 우리나라 사람은 '모레'라고 하면 급박한 느낌을 못 받아 자기 할 일 계속한다며 '투모로우'로 바꾸었다는 '웃픈' 이야기가 전해집니다.

그런데 대기와 해류의 순환시스템이 원활하게 작동되지 못하면 이전에 볼 수 없던 큰 가뭄, 폭염, 폭설이 발생하는 건 왜 그럴까요? 기온이 오르면 공기는 더 많은 물 분자를 보유할 수 있습니다. 액체 물 분자가 열에너지를 얻어 더 많이 기체로 변하기 때문이에요. 머리를 감은 후 드라이기로 뜨거운 바람을 쐬는 이유죠. 뜨거운 바람은 머리카락을 더 빨리 말릴 수 있답니다. 이렇게 대량의 물을 보유한 거대한 공기층은 주변 기온에 따라 폭우뿐만 아니라 폭설도 일으킬 수 있습니다. 오늘날 지구 곳곳에 나타나는 가뭄, 폭염, 폭우, 폭설 등의 기후 이변은 그 양상이 달라 원인 또한 달라 보입니다. 하지만 대기와 해류 순환 시스템을 망가지게 한 지구 온난화라는 공약수를 원인으로 가지고 있었던 거예요.

기온의 오르내림은 지구의 역사에서 늘 있었던 현상으로 지구 온난화는 언론이 만든 허상이라는 주장도 있습니다. 혹여 지구의 기온이 상승한다고 하더라도 지구는 여전히 건재할 것이고 새로운 균형을 찾을 거라고도 말합니다. 기후 위기는 카산드라의 예언처럼 사람들을 믿게 만드는 것에서부터 난관에 부딪히기에 해결이 더욱 쉽지 않은 문제입니다.

◆ 카산드라와 아폴론

카산드라는 트로이 왕국 프리아모스 왕과 헤카베 왕비 사이에서 태어난 아름다운 공주이다. 태양의 신이자 예언의 신 아폴론까지 그 미모에 반하여 사랑에 빠졌다. 카산드라는 미래를 내다보는 예언 능력을 준다면 아폴론의 사랑을 받아들이겠다고 말했다. 아폴론은 카산드라가 원하는 예언 능력을 주었다. 그런데 예지 능력을 얻은 카산드라는 늙지 않는 신인 아폴론이 늙어 버린 자신을 버리는 미래를 내다보고는 아폴론의 사랑을 받아들이지 않았다. 아폴론은 분노했다.

"그대, 내 사랑을 받아 주지 않을 것이면 마지막 작별의 입맞춤이라도 해 주오."

이 한 번의 입맞춤에서 혀가 닿았을 때 아폴론은 카산드라의 예언 능력에서 설득력을 빼앗아 버렸다. 이때부터 카산드

    신화를 길어다 과학을 지었다

라는 미래를 정확하게 예언하는데도 불구하고 어떤 사람도 설득할 수 없게 되었다.

"파리스를 그리스 사신으로 보내면 트로이에 재앙이 닥칠 것입니다."

"그리스와의 전쟁은 조국 트로이를 잿더미로 만들 것입니다. 헬레네를 스파르타로 돌려보내면 전쟁을 막을 수 있을 것입니다."

"그리스군이 남기고 간 거대 목마를 성 안에 들이면 트로이가 멸망할 것이니, 목마를 성으로 들이면 안 됩니다."

이처럼 카산드라는 옳은 예언을 했지만 아무도 설득할 수 없어서 미래를 알면서도 어찌할 수 없이 멸망하는 조국을 지켜봐야 했다.

카산드라 모습을 한 엠마 부인

카산드라는 트로이 왕국의 미녀 공주로 7장에 나오는 파리스의 누나입니다. 7장에서 본 것처럼 파리스가 아프로디테 여신의 편을 들어 유부녀 헬레네의 사랑을 얻어 트로이로 데려오죠. 헬레네가 스파르타의 왕비였으니 전쟁이 일어날 만한 일이지요. 미래를 미리 알 수 있는 카산드라는 처음부터 파리스를 그리스 사신으로 보내는 것에 반대했고, 헬레네를 돌려주어야 한다고도 말합니다. 전쟁의 막바지에는 거대 목마를 성 안에 들이면 안 된다고도 경고하고요. 다 옳은 말이었지만 모두 받아들여지지 않습니다. 아폴론이 예언의 설득력을 앗아 갔기 때문입니다. 결국 트로이 왕국은 잿더미가 됩니다.

◆ 평균 기온이 6도 오른다면?

문명의 발전으로 우리는 지구의 수많은 자원으로 풍요롭게 편리한 생활을 영위할 수 있게 되었습니다. 그러나 자원을 무분별하게 소모하면서 대기 중 탄소가 엄청나게 많아져, 인류의 생존을 위협하는 지경에 이르렀습니다. 승리했다고 믿은 트로이가 전리품으로 여긴 목마를 무턱대고 들였을 때 트로이는 멸망했습니다. 문명의 승리자라 믿은 인류가 지구의 자원을 전리품으로

　　신화를 길어다 과학을 지었다

여기고 대책 없이 무분별하게 사용할 때 인류는 멸절의 길을 걷게 될 겁니다.

카산드라의 예언을 무시한 트로이가 멸망했듯이 지구 온난화를 경고하는 말을 무시했을 때 지구의 생명은 돌이킬 수 없는 파멸의 길로 들어설 수 있습니다. 지구의 기온이 오르내렸던 것은 사실이나, 최근 200여 년 간의 평균 기온의 바늘은 확실히 상승을 가리키고 있습니다. 시간이 더 많이 흐르면 기온 상승을 멈추고 지구가 다시 균형점을 찾아갈 수도 있다며 대수롭지 않은 일로 보는 시각도 있습니다. 문제는 대재난이 일어날 때가 아니라면 이렇게 짧은 시간에 급격하게 평균 기온이 변한 적은 없었다는 점입니다.

사실 기온이 크게 상승한다고 지구가 문제될 건 없어요. 기후 위기에도 지구는 여전히 건재할 거라는 말을 틀린 말은 아니에요. 빙하가 녹고, 대형 산불로 산이 불타고, 폭우로 산사태가 일어나는 걸 보고 우리는 지구가 아파한다고 비유적으로 말합니다. 마치 인간은 괜찮지만 지구가 문제라고 느끼는 듯하죠. 하지만 지구는 아프지 않아요. 당연히 지구는 산소, 철, 규소, 질소 등을 주성분으로 하는 암석형 행성으로, 아픔을 느끼는 존재가 아니죠. 그렇다면 기후 위기는 큰 문제가 아닐까요? 그럴 리 없습니다. 지구는 괜찮지만 우리 인간이 문제입니다. 기후 위기라는 말을 들으면 우리는 빙하가 녹아 북극곰이 유빙에 갇히는 애처로운 장면을 먼저 떠올립니다. 인간은 괜찮지만 동물이 큰 피해를 입기에 인간이 기후 위기를 몰고 와선 안 된다는 생각을 가지곤 하죠. 하지만 인간도 기후 위기의 직접적인 피해자임을 깨달아야 합니다. 앞서 말한 기후 재난으로 발생한 인명, 재산 피해는 잴 수 없을 정도로 어마어마합니다. 시간이 지나 지구 행성은 다시 적당한 균형을 이루는 기후로 정착해 갈 수도 있지만, 그동안 인간을 비롯한 지구 위 생명들은 무사하기 어렵습니다. 인류와 현생 동식물의 대부분이 고통스러운 절멸을 피할 수 없게 됩니다.

최근 100여 년간 평균 기온은 약 1도 상승하였습니다. 점점 더 기온 상승 속도는 빨라져 1900년 때보다 2030년에는 1.5도, 2100년에는 3도까지 기온이 상승할 것으로 예상합니다. 숫자가 크지 않아 대수롭지 않게 여기는 이들도 있지만, 약간의 기온 상승만으로도 그것이 일으킬 폐해의 참담함을 알아야 합니다. 단 2도의 기온 상승으로도 적도 지방의 주요 도시는 사람이 살기 어려운 곳으로 변하고, 폭염으로 매해 수천 명이 죽음을 맞게 됩니다. 지구 온난화는 해수면 상승으로도 이어집니다.

기온 상승이 왜 해수면을 상승시키는 걸까요? 민물의 70%는

　신화를 길어다 과학을 지었다

빙하 상태로 있습니다. 기온 상승으로 녹은 빙하가 바닷물로 유입되어 해수면을 높일 수 있습니다. 또 온도가 오르면 물 분자는 더 활발하게 움직이기에 물 분자 간 거리가 멀어지게 됩니다. 그러면 부피는 커집니다. 따뜻해진 바닷물이 팽창하여 해수면이 상승한다는 말이에요. 빙하보다 열로 인한 바닷물의 부피 팽창이 해수면을 더욱 상승시켜요. 태평양의 섬나라 투발루는 해발 4.6미터가 국토의 가장 높은 곳이에요. 해수면 상승으로 매년 국토가 줄어들고 있는데, 조만간 전 국토가 사라질 위기에 놓였습니다. 투발루 외에도 태평양의 다른 섬나라인 피지, 키리바시, 통가도 비슷한 처지입니다. 해수면 상승으로 인한 폐해가 섬나라에 한정되진 않습니다. 바다보다 국토가 낮은 방글라데시, 네덜란드도 심각한 위기에 처할 겁니다. 많은 나라의 해안가 주민들은 터전을 잃게 되고요. 이는 세계 경제에도 악영향을 끼치게 됩니다.

◆ 대멸종

자연사 박물관은 멸종사 박물관처럼 보입니다. 암모나이트, 삼엽충, 공룡 등 한때 번성했으나 결국 멸종한 생물들이 박물관의 한 면을 차지하고 있습니다. 이제 자연사 박물관을 만든 우리가, 멸종사의 한구석을 차지하게 되지 않을까 하는 걱정을 해야 하는 지점에까지 이르렀습니다. 1억 년 이상 번성한 저들과 달리 겨우 20만 년 만에 말이죠. 사피엔스의 역사는 20만 년으로 다른 생물의 역사에 비하면 너무도 짧습니다.

우주에 존재하는 지적인 외계 생명체의 수를 계산하는 드레이크 방정식은 우주엔 고도 문명을 이룬 생명체가 많을 것으로 예측합니다. 그런데 '왜 그들의 흔적이 조금도 발견되지 않을까'라는 의문이 듭니다. 혹시 그들 중 일부는 환경 문제로 인해 급속히 멸망의 길을 걸었던 것은 아닐까요?

페름기의 대멸종 때 바다 생물종의 약 96%가 절멸하였습니다. 육지 동물도 그 피해가 극심했습니다. 그때 지구의 평균 기온은 이전보다 6도가량 높았다고 봅니다. 아주 높다고 느껴지지는 않는 6도! 페름기 대멸종 때 도대체 무슨 일이 있었던 걸까요? 2억 5,100만 년 전이 고생대와 중생대를 가르는 기준입니다. 페름기 대멸종으로 두 시기가 구획되었어요. 그 정도로 큰 사건입니다. 거대하고 격렬한 화산 폭발이 가장 유력한 대멸종의 원인으로 지목됩니다. 화산 폭발이 이 정도로 심각한 결과를 일으킬 수 있다는 말인가요? 당시 가장 큰 화산 폭발 지역은 시베리

 신화를 길어다 과학을 지었다

아 트랩으로 불리는데, 그 면적이 한반도의 8배가량이나 됩니다. 이 지역의 화산 분화는 100만 년가량 이어졌어요. 대폭발로 이산화탄소와 이산화황, 메탄 등의 유독한 물질이 대량으로 방출되었습니다. 고농도의 이산화탄소는 온실 효과를 일으켜 지구의 기온을 6도 정도 상승시킨 것으로 추정됩니다. 유독물질로 고농도의 산성비가 내렸습니다. 이산화황은 자체로 독성이 강해 생물에 해를 끼치지만 오존층을 파괴하여 육지 생물을 자외선을 노출시킴으로써 더 큰 피해를 줄 수 있습니다. 산성비와 오존층의 파괴로 피해를 입은 식물이 산소를 생산하지 못하니 산소 농도가 급감하게 됩니다. 이는 생물의 멸종으로 이어집니다. 기온 상승은 바닷물의 해류 순환에 악영향을 끼치고, 바닷물에 녹을 수 있는 산소량을 감소시켜 산소 호흡하는 바다 생물은 떼죽음을 맞습니다. 떼죽음으로 인한 빈자리를 산소 호흡을 하지 않는 혐기성 세균이 차시하여 번성하였어요. 혐기성 세균은 황화수소를 부산물로 내놓는데, 황화수소는 공기 중의 산소와 반응하여 이산화황이 됩니다. 이산화황은 산성비를 내리게 하고 오존층도 파괴하여 생물에 치명적인 해를 입힙니다. 이렇게 한 원인과 다른 원인이 서로 되먹이는 과정을 거치며 대멸종으로 향해 갔던 사건이 페름기 대멸종입니다.

생명의 역사에서 기온 상승이라는 덜 심각해 보이기도 한 현상이 생명을 절멸의 절벽으로 몰아세울 수 있다는 교훈을 얻어야 합니다. 페름기 때 이산화탄소의 농도 증가로 기온이 상승한 것과 오늘날 이산화탄소 농도 증가로 지구 온난화가 일어난 것은 크게 다른 일일까요? 그때는 지층에 묻힌 고생대 생물을 화산이 불태워 땅속에 있던 이산화탄소가 대기에 많아진 일이고, 지금은 지층에 묻힌 고생대 생물을 우리가 불태워 땅속에 있던 이산화탄소가 대기에 많아진 일입니다. 불태우는 주체가 차이 날 뿐이에요. 우리가 페름기의 화산의 역할을 하고 있는 것이죠. 하지만 중대한 차이가 하나 있습니다. 화산을 제어할 수는 없지만 우리의 행동은 바꿀 수가 있다는 점입니다.

◆ 기후 위기를 대하는 자세

지구 온난화는 전 지구적으로 동참해야 겨우 사태를 진정시켜, 많이 악화되지 않는 선에서 멈추게 할 수 있습니다. 각 나라들은 하나의 제국인 것처럼 협력하여야 합니다. 그러나 현재 세계 각국은 지구 온난화에 따른 자국의 이해득실을 재고 있는 걸로 보입니다. 트럼프 정부는 지구의 환경 문제를 생각하기보다는 미국을 더 강하고 부유한 나라로 만드는 일에만 관심을 둡니

 신화를 길어다 과학을 지었다

다. 세계의 공장이라 불리는 중국은 기후 협약을 껄끄러워해요. 브라질은 경제발전을 위해 지구의 허파라 불리는 아마존의 개발을 은근히 부추기고 있고요. 부동항이 거의 없고 많은 땅이 혹한의 기후에 속하는 러시아는 지구 온난화를 어떻게 생각할까요? 드러낼 순 없겠지만 부동항을 바라는 러시아는 온난해진 지구를 나쁘지 않다고 여길지도 모릅니다. 러시아의 우크라이나 침공은 기후 위기 해결을 위해 협력해야 할 세계를 갈가리 찢어 놓는 결과를 가져왔다는 점에서도 안타깝습니다. 이처럼 각자 셈법에 따라 자국의 이익만 추구해서는 다 함께 비극을 맞을 뿐입니다. 기후 위기 문제는 어느 한 나라의 힘으로 해결할 수 없습니다. 전 세계의 협력만이 유일하게 아리아드네의 실이 될 수 있습니다.

우리에겐 주어진 시간이 많지 않습니다. 지구 온난화가 임계점을 넘으면 그 결과가 너무 치명적이기에 심각하게 받아들이고 대비해야 합니다. 괜찮을 거라는 막연한 낙관으로 넘기는 것은 미래의 수많은 생명을 건 도박입니다. 확률이 매우 낮아도 그런 도박을 해선 안 되지만 그 확률이 그리 낮지도 않습니다. 이 문제는 시행착오가 허여되지 않습니다. 전 세계의 기후 이변과 기후 위기를, 예언을 믿지 않아 보내는 카산드라의 경고 신호로 받아들여야 합니다. 세계 각국 정부가 기후 위기 해결을 위한 정책을 펴야 하지만, 그렇지 못할 때는 시민이 나서야 합니다. 많은 이들이 동의하는 여론은 힘을 갖습니다. 시민의 지지를 받아야 집권할 수 있는 정치인들은 뭉친 시민의 힘을 무시하지 못합니다. 즉 지구 온난화의 비극은 전 세계 시민 모두가 경각심을 가지고 연대할 때에야, 비극에서 비껴 나 공생(共生)에 이를 수 있습니다. 말뜻 그대로 함께 살아갈 수 있는 길이 열리게 됩니다. 역설적으로 카산드라의 예언을 아무도 믿지 않았기에 카산드라의 예언은 늘 실현되었습니다. 기후 위기라는 비극적인 예언이 실현되지 않도록 하는 일이 우리가 가야 할 길입니다. 예언을 믿고 대비함으로써 불길한 예언이 현실에서 실현되지 않게 해야 하는 것이지요. 이는 우리의 후손뿐 아니라 우리와 조상을 공유한 다른 지구 생물들을 위한 길이기도 합니다.

신화를 길어다 과학을 지었다

10.
아틀라스와 존재의 길

"고립을 버리고 연립함으로써 존립될 수 있습니다."

마음 같아서는 두 팔을 쭉 뻗어 하늘을 번쩍 들어 올리고 싶었다. 그러나 그러기에는 하늘은 너무 무거웠다. 나는 고개를 숙여 하늘을 목과 어깨 위에 올렸다. 굽어진 목뼈가 굳는 느낌이었다. 고통스러운 시간을 잊을 때는 지난날을 떠올리는 게 가장 좋았다. 결과는 좋지 않았으나 제우스와 싸운 것에 후회는 없다. 예전에는 티탄족이면서 자신의 형제인데도 제우스를 도운 형을 배신자라 생각했었다. 지금은 그 마음도 사그라들었다.

나의 형 프로메테우스. 형은 예언자로 불릴 만큼 총명했다. 형이 말했었다.

"내 아끼는 아우이자 가장 용감한 전사 아틀라스여, 이 전쟁은 티탄은 지는 걸로 귀결된다. 제우스는 신계의 지배자가 된다. 티탄이 명맥을 유지하려면 제우스 편에 서야 한다. 나와 함께 제우스에게 가자. 그렇지 않으면 너는 제우스의 형벌로 평생 괴로움의 수렁에 빠져 너의 뼈와 살은 돌처럼 굳게 되리니…."

형의 말이 따라야 이롭다는 걸 직감했다. 그러나 아버지를 버릴 순 없었다.

"형님 말이 틀린 적이 없다는 걸 잘 알지요. 그러나 난 단순하게 삽니다. 내 목숨을 잃는다 해도 내가 그러고 싶으면 그 길을 갈 거요. 부모와 형제를 버린 형을 향해 나는 세상에서 가장 크고 무거운 돌을 던질 거요. 부디 잘 피해서 맞지 마시오."

두 형과 다른 길을 걸었다. 형들을 향해 돌을 던져야 한다는 게 가장 곤혹스러웠다. 프로메테우스 형의 말은 맞았다. 처음엔 우리가 유리했다. 나를 비롯해 힘이 장사인 티탄이 많아 우리가 던지는 바위에 제우스 무리는 지리멸렬했다. 그러나 제우스는 지하 감옥 타르타로스에 갇혔던 퀴클롭스 삼 형제와 헤카톤케이레스 삼 형제를 구출하여 자기편으로 만들었다. 괴물로 불렸던 대장장이 퀴클롭스가 만든 제우스의 번개, 포세이돈의 삼지창, 하데스의 마법 투구는 이 신들의 위력을 배가시켰다. 헤카톤케이레스 삼 형제가 각각 100개의 손으로 던지는 바위를 다 피할 순 없었다. 전황은 급격히 한쪽으로 기울었다. 왜 우라노스가 자기 아들을 두려워했는지 이해되었다. 제우스는 두려운 이들을 가두어 두는 게 아니라 자기편으로 끌어들일 줄 알았다. 10년간 이어진 전쟁에서 우리는 졌다. 제우스는 관용을 베풀지 않았다. 이제는 티탄들이 타르타로스에 유폐되었다. 나는 형의 말처럼 제우스의 형벌을 받았다. 평생 하늘을 짊어져야 했다. 하늘을 기울게 하거나 떨어트리지 않고 그대로 드는 일은 가장 힘센 티탄인 나에게도 버거운 일이었다. 자포자기하는 마음으로 다 내려놓고 싶었다. 그러나 그건 세상의 멸망이다. 다른 누구보다 가장 힘이 센 티탄인 내가 해야 할 일이란 생각이 들었다. 그래서 오늘도 이 푸른 하늘을 짊어진다.

오랜 세월 하늘을 들고 받쳐 들었을 때, 영웅 헤라클레스가 찾아왔다. 그가 나를 대신해 하늘을 들고 있을 동안, 내가 내 딸 헤스페리데스 요정이 지키는 황금 사과를 자기 대신 구해 주기를 바랐다. 황금 사과는 무시무시한 괴수 라돈이 지키고 있어서 다른 이가 얻기는 거의 불가능한 일이지만 내 딸이 있으니 내겐 손바닥을 뒤집는 것처럼 쉬운 일이었다. 오랜만에 자유를 느끼고 싶었다. 헤라클레스에게 하늘을 맡기고 가벼운 걸음으로 황금 사과를 구해 왔다. 헤라클레스는 그때까지 하늘을 잘 들고 있었다. 순간 자유에 대한 갈망이 솟구쳤다.

'나와 비견될 힘을 지녔다면 헤라클레스가 나를 대신하여 하늘을 잘 짊어질 수 있지 않을까? 이곳을 떠나면 나는 자유가 된다.'

그 순간 헤라클레스가 말했다.

"내가 당신 대신 하늘을 받치겠다. 그런데 하늘이 너무 무거워서 몸을 좀 풀고 들어야겠다. 이렇게 무거운 건 처음 들어봐서 잘못하여 떨어트릴 것 같으니 자세를 제대로 잡게 잠깐만 하늘을 잡아 달라."

속임수일 수도 있겠다는 생각이 들었다. 잠시 망설였다. 한번 저 하늘을 들면 앞으로 더 오랜 시간 저 무거운 하늘을 고통스럽게 짊어져야 하리라. 그러나 이 일을 그 누구보다 잘 해낼 이는 나 자신임을 안다. 그가 정말 곧 하늘을 떨어트릴 것만 같아 그를 대신해 받쳐 들었다. 그 순간 그는 빠져나와 몸을 푸는가 싶더니 황금 사과를 들고 몸을 돌려 걸어갔다. 예상대로 그의 속임수였다.

놀랍게도 안도감이 들었다. 분노가 시솟는 게 아니라. 희한한 감정이었다. 이렇게 얄팍한 속임수를 쓰는 이라면 얼마 안 가 이 하늘을 내려놓았을 게 분명하다. 이 일은 내가 계속 맡아야 했다. 형벌로 시작되었으나 이제는 숙명이 되었고, 앞으로는 나의 존재 이유가 되겠지.

'내가 이 푸른 하늘을 떠받침으로써 내 딸들과 내 부모와 내

형제와 이 세계의 존재들이 무사할 수 있으리라. 운명이다.'

그 후 오랜 시간이 지나니 나의 기력도 점점 쇠했다. 버틸 수 있는 시간이 얼마 남지 않았다. 메두사의 목을 벤 페르세우스가 내 옆으로 지날 때를 마지막 기회로 여겼다. 메두사의 얼굴을 본 자는 돌이 된다는 걸 알았으니까. 페르세우스에게 부탁했다. 메두사의 얼굴을 보여 달라고. 돌이 됨으로써 나는 내 운명을 완수할 수 있었다. 나는 아프리카 북부의 아틀라스산맥이 되었다.'

아틀라스

---

* 아틀라스와 페르세우스 이야기는 로마 시대의 작가 오비디우스의 《변신 이야기》에 실려 있습니다. 내용을 달리하여 아틀라스의 1인칭 시점으로 각색하였습니다.

 신화를 길어다 과학을 지었다

◆ 프로메테우스의 형제들

프로메테우스의 동생은 에피메테우스 말고도 더 있습니다. 아틀라스도 프로메테우스의 동생입니다. 티탄 신족과 제우스 형제들 간의 전쟁인 티타노마키아가 일어났을 때 프로메테우스와 에피메테우스는 티탄이지만 제우스 편에 섭니다. 그래서 프로메테우스와 에피메테우스는 아틀라스와 이들의 아버지 이아페토스는 서로 적이 됩니다. 전쟁 후 제우스는 자신을 도운 프로메테우스와 에피메테우스에게는 인간을 창조하는 일을 맡기며 이들을 대우합니다. 그러나 자신에게 대적한 티탄은 가혹하게 처벌해요. 아틀라스는 평생 하늘을 떠받쳐야 하는 형벌을 받습니다. 후에 그의 형 프로메테우스도 불을 훔쳐 인간에게 준 죄로 코카서스산에서 독수리에게 끊임없이 간을 쪼이는 형벌을 받죠. 독수리는 제우스를 상징하는 동물이라는 점에서 프로메테우스에 대한 제우스의 분노가 컸음을 짐작할 수 있습니다. 제우스는 상상력 풍부한 벌을 어마어마한 시간 동안 내리는 악취미가 있어 보이네요. 프로메테우스가 간을 쪼인 시간이 무려 3만 년입니다. 3만 년 뒤에야 헤라클레스가 독수리를 물리치고 프로메테우스를 묶은 쇠사슬을 풀어 줍니다. 헤라클레스는 제우스의 아들이니 제우스의 의중이 반영되었다고 볼 수 있습니다. 프로메테우스

는 헤라클레스로부터 구출된 점과 인간이 멸망하지 않고 잘 번
성하고 있다는 점에서 제우스에 대한 증오심을 조금씩 누그러뜨
립니다. 극심한 고통을 받은 시간에 비해 너무 쉽게 마음을 푸는
걸로 보이긴 하지만, 마음이 누그러진 프로메테우스는 제우스가
꼭 알고 싶어 한 미래를 알려 줍니다.

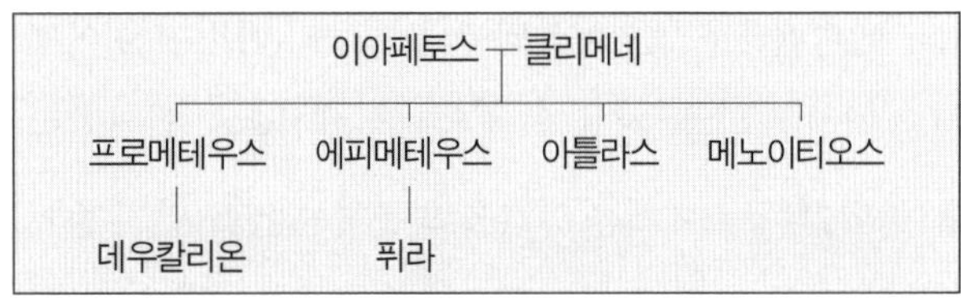

아틀라스의 형제들

제우스가 티탄과의 전쟁인 티타노마키아에서 승리한 후 티탄
들을 지하 감옥 타르타로스에 가둬 버리고 헤카톤케이레스에게
감시하도록 합니다. 그것은 제우스의 할머니인 대지의 여신 가
이아를 분노케 합니다. 가이아는 티탄이 대부분 자신의 딸과 아
들이기 때문에 이런 가혹한 처우를 바라지 않았지요. 가이아는
프로메테우스와 함께 가장 완벽한 예언 능력을 지닌 신입니다.
제우스에게 저주에 가까운 예언을 퍼붓습니다. 가이아는 제우
스의 자식이 제우스의 자리를 차지하여 제우스를 쫓아낼 거라고
예언하였습니다. 이때부터 제우스는 불안감에 젖습니다. 자신

　　　　　　　　신화를 길어다 과학을 지었다

을 쫓아낼 아이가 누구일지 몹시 궁금해합니다. 그래서 가이아에 견줄 만한 예언자 프로메테우스를 형벌에서 풀어 주는 조건으로 그 답을 얻으려 하나, 프로메테우스는 좀처럼 입을 열지 않습니다. 헤라클레스의 도움으로 풀려난 후에야 프로메테우스는 제우스의 궁금증을 풀어 줍니다.

"테티스가 낳은 자식은 무조건 아버지보다 위대한 존재가 된다."

이 예언을 들은 제우스는 여신 테티스에게 더 이상 구혼을 청하지 않고 포기해요. 그리하여 자신의 손자인 펠레우스와 인연을 이어 주어 7장에 나온 '성대한 결혼식'을 올리게 된 겁니다.*

자신을 구출해 준 헤라클레스에 고마움을 느낀 프로메테우스는 헤라클레스가 찾는 황금 사과를 구할 좋은 방법을 알려 줍니다. 그것은 헤라클레스가 완수해야 할 12가지 과업 중 하나였어요. 프로메테우스가 일러 준 방법이 바로 황금 사과의 수호자인 헤스페리데스의 아버지 아틀라스를 찾아가라는 것이었어요. 그리하여 아틀라스가 황금 사과를 구해 올 동안 헤라클레스가 하

---

* 인간의 이야기면 막장도 이런 막장이 없습니다. 자신이 구애하던 여인을 손자와 결혼시키다니! 그런데 신화를 이렇게 따지면 한도 끝도 없습니다. 제우스의 아빠 크로노스, 엄마 레아는 서로 남매간이고, 제우스와 제우스의 아내 헤라도 남매간이며, 제우스의 아들 헤파이스토스의 아내 아프로디테는 헤파이스토스의 고모할머니라 할 수 있으니, 나머지는 더 볼 것도 없지요. 신화는 금기로부터 더 자유로운 비유, 상징, 상상의 이야기로 바라보아야 하겠습니다.

늘을 대신 떠받치게 됩니다. 여러 이야기가 맞물려 흥미를 더해 줍니다.

형벌로 시작된 일이지만 아틀라스는 힘들다고 하늘을 내팽개 치지 않고 몸이 굳는 느낌이 들 때까지 묵묵히 떠받칩니다. 프로 메테우스가 견딘 3만 년보다 훨씬 더 오랫동안을요. 심지어 스 스로 돌이 되는 길을 택하면서까지 하늘을 들어 세계가 멸망되 지 않도록 합니다. 이런 아틀라스의 모습에서 여러 위기를 맞은 우리들이 지녀야 할 자세를 배울 수 있겠습니다. 단 한 명이 아 틀라스 같은 괴력을 발휘할 수는 없겠지요. 아틀라스에 비해 몸 체도 근력도 작지만 우리는 엄청나게 많아 각자의 팔을 함께 올 린다면 무거운 하늘도 떠받칠 수 있습니다. 우리 모두가 작은 아 틀라스가 되어 이 푸른 하늘을 짊어져야 하겠습니다. 우리의 길 입니다.

◆ 핵무기 위기

1945년 8월, 오토 한은 히로시마와 나가사키에 핵폭탄이 떨어 졌다는 소식을 전해 듣고는 충격으로 쓰러질 뻔합니다. 오토 한 은 우라늄에 중성자가 충돌하여 우라늄이 바륨을 만들어 냈음

     신화를 길어다 과학을 지었다

을 밝힌 독일의 과학자입니다. 우라늄은 원자번호 92번이고 바륨은 원자번호 56번입니다. 원자번호는 양성자 숫자와 같으므로 큰 원자핵을 가진 우라늄이 작은 원자핵을 가진 원소들로 쪼개질 수 있음을 알아낸 것이죠. 그리고 그 과정에서 가공할 에너지가 나오게 된다는 사실도 밝혔어요. 자신이 발견한 과학 지식이 인류의 재난이 되었다는 죄책감으로 그는 극도로 우울해졌어요. 그가 자살을 시도할까 봐 함께 있던 과학자들이 걱정으로 지켜보아야 할 정도였습니다. 그나마 다행스러운 건 이후로 핵폭탄이 전쟁에 사용된 적은 없다는 사실입니다. 단 두 발만으로 몇십만 명을 살상한 너무도 강한 위력 때문에 공멸을 각오해야 했기 때문일 겁니다.

심지어 어떤 학자들은 핵무기가 강대국 사이의 전쟁을 막아 인류 평화에 기여했다고까지 주장합니다. 완전히 틀린 밀은 아니에요. 19세기까지 인류사는 전쟁사라 여겨질 만큼 전쟁은 빈번했으나 제2차 세계대전 후로 국가 간 전면전은 극히 줄어든 것은 사실입니다. 핵무기를 가진 나라와 전쟁을 하는 것은 나라가 잿더미가 되어 석기 시대로 되돌아갈 각오까지 해야 할 것이기에 핵무기에 어느 정도의 전쟁 억지력이 있어 보이기도 합니다.

그보다는 현대의 전쟁은 전쟁 승리로 얻을 이익은 적고 손해는 크기 때문에 국가 간 전면전이 잘 안 일어난다고 봐야겠습니다. 중국은 '하나의 중국'이라는 목표를 설정하고 대만에 수시로 군사적 위협을 가합니다. 위협이 전면전으로 발전할 가능성은 많지 않아 보입니다. 만약 중국이 핵미사일을 퍼부어 대만을 점령한다면 무엇을 얻을 수 있을까요? 대만의 세계적 반도체 기업 TSMC를 얻을 수 있을까요? TSMC 공장을 무력으로 점령한다고 반도체를 생산할 수 없습니다. 기업이 가진 기술, 인력, 생산 시스템, 공급망은 폭탄으로 빼앗을 수 없습니다. 과거에는 전쟁으로 영토와 자원을 획득하여 나라를 부강하게 할 수 있었으나 오늘날 전쟁을 일으킨다면 잿더미가 된 황무지를 얻게 됩니다. 국제적 제재로 외교 관계는 고립되고, 전쟁 상황으로 해외의 투자 자금이 빠져나가는 결과도 가져오지요. 세계가 과거보다 훨씬 긴밀한 관계를 맺은 경제 공동체이고, 오늘날의 고부가가치를 주는 자원은 천연자원이 아니라 고도의 기술이라는 점이 전쟁을 일으키려는 야욕을 억지하고 있다고 볼 수 있어요.

그러면 앞으로 핵전쟁의 가능성은 없을까요? 지금의 평화로움이 태풍의 눈 속의 고요일 수도 있습니다. 핵무기가 지금까지 사용되지 않았다는 사실이 앞으로도 사용되지 않을 거라는 결론을 필연적으로 보장하지 못합니다. 인간의 어리석음을 과소평가해

　　　　　　신화를 길어다 과학을 지었다

서는 안 됩니다. 우크라이나를 침공한 러시아는 핵무기 발사 버튼에 언제든 손가락을 올릴 수 있음을 공공연하게 떠벌립니다. 러시아와 미국, 두 나라가 가진 핵무기가 1만 개가 넘습니다. 전 세계를 화염 지옥으로 만들 수 있는 양입니다. 어느 한 나라가 발사 버튼에 손을 올리면 핵무기 사용을 옥죄고 있던 금기의 고삐는 풀려요. 특히 독재 정권은 핵무기 사용에 제약이 적습니다. 예기치 못한 재난으로 테러 단체의 손에 핵무기가 안 들어간다는 보장도 없고요. 지구에 핵무기가 존재하는 이상 우리는 늘 폭탄을 주머니에 넣고 걸어 다니는 꼴이라 할 수 있습니다.

◆ 전염병 위기

천연두는 3천 년가량이나 인간을 괴롭혔습니다. 18세기 이전까지 유럽에서만 매년 40만 명이나 사망자가 나왔습니다. 콜럼버스가 아메리카 대륙을 발견한 이후 유럽 사람이 지닌 천연두 바이러스에 전염되어 사망한 아메리카 원주민은 전체 인구의 3분의 1에 달합니다. 우리나라에서도 마마, 역질로 불리는 가장 무서운 전염병이었습니다. 전 세계 누적 사망자가 10억 명에 이를 것으로 봅니다. 이저럼 오래노록 인류를 괴롭힌 무시무시한 전염병이었건만 요즘 천연두를 두려워하는 이는 보기 어렵습니다. 1979년 이후 더 이상 천연두로 인한 사망자가 없습니다. 세계보건기구(WHO)는 1980년 5월에 천연두 종식을 선언했습니다. 18세기의 영국 의사 제너가 천연두 백신 접종법을 발견한 것이 천연두 종식의 결정적 기점이었어요. 제너의 종두법은 인류 최초의 백신이고, 천연두는 인류가 처음으로 박멸한 감염 질병입니다. 천연두와 함께 인류를 크게 위협했던 페스트, 콜레라 등의 감염병도 현재에는 이제는 그다지 위협이 되지 않습니다. 의학과 위생의 발달 덕이죠. 이러니 인류가 모든 질병의 위협을 다 극복하여 평균 수명이 한없이 늘 거라는 희망이 들 만도 합니다. 자연을 가소롭게 여기는 오만이 팽배해지기도 했습니다.

이런 인간의 태도에 경종을 울린 게 코로나19입니다. 2019년에 처음 발병한 코로나19는 전 세계를 공포로 몰아갔습니다. 전 세계가 연결된 오늘날, 한 나라에서의 코로나 발병은 곧 전 세계의 위기로 귀착됩니다. 전 세계가 코로나에 앓는 데는 채 1년도 걸리지 않았지요. 세계보건기구에 따르면 2023년 5월까지 7억 명의 확진자와 700만 명의 사망자가 발생했습니다. 통계로 잡히지 않은 인원은 더 많을 거라 추측하고 있습니다. 코로나19 바이러스는 박쥐를 숙주로 삼은 것으로 짐작됩니다. 인간이 자연을 더 많이 개발하여 생활 반경을 넓히면서, 외진 동굴 속에 살아 인

  신화를 길어다 과학을 지었다

간에게 영향을 못 미치던 야생동물의 몸속 바이러스가 인간에게
까지 전해질 수 있게 되었습니다. 우리를 당혹스럽게 한 것은 코
로나 백신 접종으로 예방하려 했을 때, 바이러스가 다양한 변이
를 일으켜 백신을 무력화시키기도 했던 점입니다. 너무도 단순
한 DNA 서열을 가진 바이러스가 인간에게 가장 무서운 적이 될
수 있음을 실감하기에 충분했습니다. 아직 우리가 접한 적이 없
는 바이러스가 동물의 몸속에, 빙하 속에 들어 있을 것입니다.
만약 에이즈처럼 치명적이면서 전염성도 강력한 바이러스가 나
타난다면 인류는 어떻게 위기를 극복할 수 있을까요?

◆ 기후 위기

금성의 시표 부근의 온도는 459℃에 달합니다. 그 어떤 생명도
존재하기 쉽지 않은 온도입니다. 지구의 이웃 행성이기에 많은
과학자가 과거에는 금성에 지구처럼 바다가 존재했고, 금성의 온
도도 지구와 크게 차이 나지 않았으리라고 추정합니다. 그렇다
면 지금 두 행성은 왜 이렇게 다를까요? 금성의 대기를 보면 이해
가 됩니다. 금성 대기의 96%는 이산화탄소예요. 10장에서 살펴
보았듯이 이산화탄소는 온실효과를 일으킵니다. 화산 폭발로 금

성 대기의 이산화탄소 누적량이 많아지면 금성의 지표에서 발산되는 적외선을 대기가 흡수하여 온도가 올라갑니다. 온도가 오르면 바다의 물이 더 많이 증발하여, 수증기가 대기에 많아져요. 수증기도 이산화탄소처럼 온실의 역할을 합니다. 또 이산화탄소는 바닷물에 녹기 때문에 바닷물이 적어지면 이산화탄소는 대기에 더 많아지게 돼요. 이산화탄소와 수증기의 밀도가 더 높아진 대기는 기온을 더 올리고, 더 올라간 기온은 바닷물을 더 증발시켜요. 이렇게 온실효과의 되먹임 작용이 끊임없이 일어나 금성의 온도가 고삐 풀린 말처럼 날뛰게 되었다고 볼 수 있습니다.

그래서 이산화탄소의 임계점을 넘지 않는 것이 중요합니다. 지구와 금성은 같지 않지만 완전히 다르다고만 할 수는 없어요. 지구 대기의 이산화탄소 농도가 임계점을 넘어 온실효과의 되먹임 작용이 일어나도 절대 지구가 금성의 전철을 밟을 리 없다고 말할 수 있을까요? 지구의 모든 생명을 놓고 도박을 벌일 순 없지요. 우리는 금성에서 교훈을 얻어야 합니다.

◆ 존재의 길

핵 위기, 전염병 위기, 기후 위기는 가까운 미래에 인류를 가장 위협할 겁니다. 한 사람의 개인일 뿐인 우리가 무거운 하늘이 짓누르는 듯한 이 위기를 앞두고 어떤 마음과 태도를 지녀야 할까요?

우선 과학 기술에 관심을 가지고, 과학적 사고방식을 익히기 위해 애써야 합니다. 기아, 영아 사망, 질병, 폭력, 전쟁은 인류의 역사에 늘 따라다닌 어둠입니다. 과학 기술은 이 비극을 극복하는 데 결정적인 기여를 한 빛입니다. 인류가 맞을 새로운 위기 또한 새로운 기술이 해법이 될 가능성이 높습니다. 시민 대다수가 비이성적일 때는 문제를 더욱 악화시킬 뿐입니다. 비이성은 타국이 오발한 미사일에 핵으로 맞대응하게 만듭니다. 비과학적 사고는, 페스트는 마녀의 저주 때문에 발생했고, 백신이 전염병보다 더 위험하다고 주장하게 만들죠. 또 기후 위기는 영향력을 키우기 위한 환경 단체의 거짓말이라는 음모론을 믿게 만들고요. 과학적 사고방식이 필요한 이유입니다.

그리고 연대가 필요합니다. 핵무기, 감염병, 지구 온난화를 한 개인이 해결할 수 없습니다. 한 국가가 해결할 수도 없습니다. 세계적인 연대만이 문제 해결에 도달할 수 있습니다. 연대는 자기만 챙기는 욕심으로 이르지 못합니다. 타자와의 관계가 중요합니다. 그래서 미래의 세 위기를 해결하기 위해서는 존재와 존재 사이에 대한 고민이 필요합니다. 존재가 다른 존재를 이익을 도모하기 위한 수단으로만 인지할 때는 존재 사이의 경계를 뛰어넘을 수 없습니다. 타 존재를 수단으로 대하지 않고 존재 그 자체를 목적으로 받아들이며, 다가가 이해하고 공감하려 할 때, 존재의 경계를 가로질러 진정한 관계를 맺을 수 있습니다.

각각의 존재는 경계를 가짐으로써 개별자로 존립합니다. 즉 존재에게 경계가 있는 것은 필연적이에요. 그러나 어느 존재도 오로지 홀로 자족적일 수는 없습니다. 존재는 다른 존재와 함께 함으로써 생존할 수 있고, 의미를 가질 수 있습니다.

아틀라스가 떠받친 파란 하늘을 한 움큼 쥐었다가 땅에 펼치면 파랑은 사라지고 없습니다. 물 분자 하나에서 분수를 볼 수 없듯이 개별로서는 파란 하늘을 이룰 수 없어요. 무수한 작은 하늘 조각의 맞잡은 손에 의해 파랑은 드러납니다. 개별의 존재가 타자의 고통을 외면하지 않고 타자의 섬으로 건너가 어울림으로써 존재는 공존할 수 있습니다.

아틀라스는 홀로 외로이 하늘을 지고 있었습니다. 아틀라스 홀로 등이 굽고 다리가 굳도록 두어서는 안 됩니다. 모두 조금씩 푸른 하늘을 짊어지는 작은 아틀라스가 될 때 개인은 실존하고, 인류는 존재를 이어 갈 수 있습니다. 고립(孤立)이 개인을 실존하게 하는 것이 아닙니다. 타자의 손을 맞잡고 연립(聯立)함으

　　　　　　　신화를 길어다 과학을 지었다

로써 스스로가 존립(存立)될 수 있음을 깨달아야 합니다. 존재의
길입니다.

맺음말

우리는 어디에서 왔고 무엇이며 어디로 가는가

폴 고갱의 이 그림을 좋아합니다. 사실 그림 자체보다는 그림의 제목을 좋아합니다. 이 제목은 아주 오래전, 시원에 대한 그리움을 떠오르게 합니다. 과거에 대한 향수, 현재에 대한 성찰, 미래에 대한 망설임과 두려움을 불러일으킵니다. 지금까지 우리가 어디에서 왔고, 우리는 어떤 존재인지를 알아보았습니다. 또 우리가 맞이할 미래가 어떠하며, 우리는 어떤 자세여야 할지를 말하였습니다.

여러 명의 맹인이 코끼리를 손으로 만졌을 때 자기가 만진 부위에 따라 다르게 인식한 것을 진짜 코끼리의 모습이라고 우기

신화를 길어다 과학을 지었다

는 이야기가 있습니다. 다리를 만진 맹인은 절구가, 꼬리를 만진 맹인은 새끼줄이, 배를 만진 맹인은 항아리가, 상아를 만진 맹인은 당근이 코끼리와 꼭 닮았다고 말합니다.

지금까지 이 책에서 말한 것들이 혹 맹인이 묘사한 코끼리가 아니었을지 우려도 듭니다. 그러나 코끼리를 전혀 만지지 않은 맹인은 어떻게 코끼리를 그려 낼 수 있으며, 아무것도 만지지 않고 아무것도 말하지 않는다면 어떻게 코끼리를 인식할 수 있을까요? 우리는 맹인이 코끼리를 더듬는 것처럼 끊임없이 세계를 더듬어야 하는 존재입니다. 수없이 많은 맹인이 코끼리를 더듬고, 그 답을 경청한다면 실제 코끼리와 비슷한 실체를 완성해 낼 수 있으리라 믿습니다.

책에서 인간뿐만 아니라 지구 생물 전체를 염두에 두긴 했지만, 대제로 인간을 중심에 놓고 이야기했습니다. 인간은 우주에서 기원한 원소를 재료로 하여 만들어졌습니다. 프로메테우스가 인간을 만들 때도 우주로부터 온 물질을 이용했겠지요? 그렇다면 인간 또한 탄소를 기반으로 뼈, 살, 피부, 머리털 같은 몸체를 형성하고, 수소와 산소로 이루어진 물이 몸을 가득 채우고 있어요. 몸은 약 30조 개의 세포로 이루어진 세포로 이루어진 대제국인데, 세포 안에는 핵이 있고 핵 안에는 DNA가 있습니다. 삭 세포의 DNA는 모두 같은데, 우리 몸은 그 DNA를 번역하여 형성한 거예요. 우리가 인간의 모습을 띠고 있는 이유는 우리가 부모로부터 인간의 DNA를 물려받았기 때문이지요. 고양이, 초파리, 참새, 거미는 각자의 종에 맞는 DNA를 부모로부터 물려받았습니다. 그래서 모두 본인 종의 특성을 유지하여 후손으로 전합니다. 인간을 포함해서 지구 생명체는 모두 DNA 시스템을 따르고 있었습니다. 그래서 인간도 지구 생물도 모두 친척이라 할 수 있지요.

약 38억 년 전 생명이 탄생한 이후 오랜 기간 생명은 무성생식으로 지구를 채워 갔습니다. 엄마만 있었지 아빠의 존재는 없었던 거예요. 암수 두 성이 나타난 건 약 10억 년 전입니다. 유성생식 시스템은 후손을 얻기 위해서는 같은 종의 암수가 만나서 생식세포를 결합해야 하기에 무성생식에 비해 힘겨운 절차를 거쳐야 합니다. 그럼에도 환경 변화, 돌연변이, 기생 생물에 대응하기에는 유전자 재조합이 가능한 유성생식이 유리하여 유성생식이 널리 퍼집니다. 전체 생명체의 수만 따지면 무성생식이 압도적이지만 대부분의 생물종은 유성생식을 따릅니다.

난자와 정자의 특성이 달라 암수는 각기 다른 번식 전략을 취합니다. 그 결과 같은 종임에도 암수의 모습과 행동이 크게 달라

   신화를 길어다 과학을 지었다

지기도 합니다. 인간 또한 외형과 내면에서 이러한 영향을 받았습니다. 이성의 짝에게 선택될 때 우위를 점하기 위해 더 우월한 자질을 욕망하는 마음이 인간에게 생겼습니다. 헤라, 아테네, 아프로디테 여신은 파리스에게 권력과 재물, 명성과 지능, 신체의 미를 가진 짝을 선물할 수 있음을 내세웁니다. 이 선물은 더 환경에 적응을 잘했음을 알려 주는 중요한 지표라 대부분의 사람이 욕망하여 추구하는 것들입니다. 성선택에 의해 인간의 다양한 특성과 마음이 형성될 수 있음을 알 수 있습니다. 인간은 이기적 유전자가 이타적 마음을 가진 뇌 신경계를 만든 존재라 할 수 있습니다. 그래서 이기적인 모습도 많지만 지구의 어떤 생명체보다 더 타 존재에 공감하고 다른 존재를 아끼고 도와주는 따뜻한 생물이기도 합니다.

고생대를 대표하는 생물인 삼엽충은 약 3억 년간 번성하였습니다. 중생대를 대표하는 생물인 공룡은 약 2억 년간 번성하였습니다. 신생대 막바지에 나타난 호모 사피엔스는 겨우 20만 년 정도의 역사를 지니고 있을 뿐입니다. 공룡의 '멸종'을 강조하며 인간의 우월함을 은근히 과시하기도 하지만 공룡은 2억 년이나 되는 긴 시간 동안 지구를 가득 채우며 군림한 성공적인 생물입니다. 그에 비해 인류는 벌써 시험대에 오른 듯합니다. 기후 위기, 핵 위기, 전염병 위기가 이른 시기에 인류를 가장 위협할 시험이라 할 수 있습니다. 이 위기를 극복하기 위해서는 과학적인 사고방식이 꼭 필요합니다. 위기에 대한 경고를 카산드라의 예언처럼 되도록 두어서는 안 되겠습니다. 또 전 세계의 많은 이들이 주인 의식, 공동체 의식을 가지고 연대할 수 있어야 이 위기를 극복할 수 있습니다. 물 분자 하나는 물결을 이룰 수 없지만 수많은 물 분자는 물결을 이루고 분수처럼 솟아오를 수 있습니다. 개인으로 존재하되 연대로 고립을 벗어난 삶이 인류 역사의 수명을 연장할 수 있다고 봅니다. 그것이 우리가 아는 범위의 생명체 중 가장 지적인 존재가 걸어가야 할 길이라 믿습니다.

참고 자료

교양과학연구회, 과학 산책, 자연 과학의 변주곡, 청아출판사, 2020.

김도현, 장애학의 도전, 오월의봄, 2019.

김범준, 김범준의 이것저것의 물리학, 김영사, 2023.

김상욱, 하늘과 바람과 별과 인간, 바다출판사, 2023.

닉 레인, 산소, 양은주 옮김, 뿌리와이파리, 2016.

닐 디그래스 타이슨 외, 웰컴 투 유니버스, 바다출판사, 2019.

데이비드 월러스 웰즈, 2050 거주불능 지구, 김재경 옮김, 추수밭, 2020.

리처드 도킨스, 눈먼 시계공, 이용철 옮김, 사이언스북스, 2004.

리처드 도킨스, 이기적 유전자, 홍영남 옮김, 을유문화사, 2006.

리처드 도킨스, 옌 웡, 조상 이야기, 이한음 옮김, 까치, 2018.

누라야마 히토시, 왜 우리가 우수에 손재하는가, 김소연 옮김, 아카넷, 2015.

샘 킨, 사라진 스푼, 이충호 옮김, 해나무, 2011.

샘 킨, 원자 스파이, 이충호 옮김, 해나무, 2023.

양젠예, 과학자의 흑역사, 강초아 옮김, 현대지성, 2021.

오비디우스, 변신 이야기, 이윤기 옮김, 민음사, 1998.

유발 하라리, 호모데우스, 김명주 옮김, 김영사, 2017.

유시민, 유시민의 경제학 카페, 돌베개, 2002.

이운근, 과학 인터뷰 그분이 알고 싶다, 다른, 2022.

이운근, 고전이 왜 그럴 과학, 다른, 2023.

이운근, 신화가 왜 그럴 과학, 다른, 2024.

이윤기, 그리스 로마 신화, 웅진지식하우스, 2020.

이태복, 윤봉길 평전, 동녘, 2019.

장하준, 장하준의 경제학 레시피, 부키, 2023.

조영래, 전태일 평전, 전태일재단, 2020.

제프리 밀러, 연애, 동녘사이언스, 김명주 옮김, 2018.

최재천, 개미제국의 발견, 사이언스북스, 1999.

토마스 불핀치, 그리스 로마 신화, 박경미 옮김, 혜원출판사, 2017.

폴 너스, 생명이란 무엇인가, 이한음 옮김, 까치글방, 2021.

호메로스, 일이아스, 김성진 옮김, 린, 2022.

     신화를 길어다 과학을 지었다

신화를 길어다
과학을 지었다

초판 1쇄 발행 2026년 2월 20일

지은이   이운근
펴낸이   이기봉
편집   좋은땅 편집팀
펴낸곳   도서출판 좋은땅
주소   서울특별시 마포구 양화로12길 26 지월드빌딩 (서교동 395-7)
전화   02)374-8616~7
팩스   02)374-8614
이메일   gworldbook@naver.com
홈페이지 www.g-world.co.kr

ISBN   979-11-388-5507-5 (03400)